U0337868

江苏建筑职业技术学院博士专项基金(JYJBZX20-04)资助
国家重点研发计划(2016YFB0502102)资助
国家自然科学基金项目(42001397)资助

室内楼层识别与高程估计

齐红霞　汪云甲　秦　凯　毕京学　著

中国矿业大学出版社
·徐州·

内 容 提 要

本书以室内环境多种空间结构的楼层识别为主要目的展开研究，结合统计学习、概率统计、最优化理论和机器学习分类算法等多种方法，利用 Wi-Fi/蓝牙无线信号和智能手机传感器等多源信号，开发了基于无线信号区间置信度、多方法自适应融合的高精度楼层识别方法，以及基于行人活动分类的持续稳定的楼层变更判定方法，可适应多种室内空间结构的室内楼层识别和高程估计，并结合多种试验场景展开验证。本书提出的楼层识别与高程估计可以为室内位置服务相关应用提供技术支撑，并为室内定位领域提供更全面的位置信息。

本书可供从事室内定位与导航领域的科研、设计、生产单位技术人员及大专院校相关专业的师生参考使用。

图书在版编目(CIP)数据

室内楼层识别与高程估计 / 齐红霞等著. —徐州：中国矿业大学出版社，2022.12

ISBN 978-7-5646-5219-7

Ⅰ. ①室… Ⅱ. ①齐… Ⅲ. ①无线电定位—研究 Ⅳ. ①TN95

中国版本图书馆 CIP 数据核字(2021)第235571号

书　　名　室内楼层识别与高程估计
著　　者　齐红霞　汪云甲　秦　凯　毕京学
责任编辑　马晓彦
出版发行　中国矿业大学出版社有限责任公司
　　　　　　(江苏省徐州市解放南路　邮编 221008)
营销热线　(0516)83884103　83885105
出版服务　(0516)83995789　83884920
网　　址　http://www.cumtp.com　**E-mail**：cumtpvip@cumtp.com
印　　刷　江苏凤凰数码印务有限公司
开　　本　787 mm×1092 mm　1/16　**印张** 8.5　**字数** 162 千字
版次印次　2022 年 12 月第 1 版　2022 年 12 月第 1 次印刷
定　　价　32.00 元

前　言

当今社会,高楼大厦遍布各地,人们对室内位置服务的追求早已由原来的二维扩展至三维。在多楼层环境中,除了需要获取水平维度的位置信息之外,还需要获取垂直维度的高度信息。随着室内位置服务的广泛应用,楼层识别需求与日俱增,且其在紧急救援中的作用也尤为突出。基于无线信号和智能手机传感器的室内楼层识别具有较大的应用价值与需求空间。但在现实多楼层建筑中,建筑的格局不同、结构多变、无线热点(Access Point,AP)布设密度稀疏不一,使得无线信号的空间传播特性具有较大差异。基于气压的楼层识别或高程估计方法也有一些不足之处。本书基于 Wi-Fi/蓝牙无线信号和人体活动识别(Human Activity Recognition,HAR)对楼层识别及高程估计展开了深入研究,研究内容涵盖针对不同多楼层内部空间结构的无线信号楼层识别方法、基于智能手机传感器数据的 HAR 算法、基于 HAR 的楼层变更检测方案与高程估计方法等。

本书第 1 章主要阐述与室内楼层识别相关的研究背景和意义;第 2 章介绍 Wi-Fi/蓝牙的空间分布特性与室内多层空间结构分类;第 3 章分别针对不同的空间结构介绍了相应的楼层识别算法;第 4 章提出利用行人活动分类结果检测行人楼层变更过程;第 5 章提出多种室内场景的楼层识别实现方案;第 6 章介绍了与室内高程估计相关的内容;第 7 章是结论。

在本书编写过程中,中国矿业大学余科根教授、陈国良教授、李增科副教授等给予了指导和帮助,博士研究生曹鸿基、徐生磊、孙猛、司明豪等对部分章节进行了校订,在此一并表示感谢!

本书由江苏建筑职业技术学院博士专项基金(JYJBZX20-04)、国家重点研发计划“地球观测与导航”领域“室内混合智能定位与室内GIS技术”项目第二课题“室内混合智能定位技术”(2016YFB0502102)以及国家自然科学基金项目“基于智能手机Wi-Fi/气压计/IMU的室内三维自适应高精度定位方法”(42001397)联合资助。

由于时间仓促,书中不当之处在所难免,敬请读者批评指正。

著　者

2022年10月

目　　录

第 1 章　绪论…………………………………………………………………… 1
1.1　研究背景及意义 ……………………………………………………………… 1
1.2　国内外研究现状及分析 ……………………………………………………… 7
1.3　主要研究内容………………………………………………………………… 26
1.4　章节安排和技术路线………………………………………………………… 27

第 2 章　多层空间结构分类与 Wi-Fi/蓝牙的空间分布特性 ………………… 30
2.1　无线信号采集及数据介绍…………………………………………………… 30
2.2　全楼层层板结构及无线信号的空间分布特性……………………………… 31
2.3　中庭空间楼层结构及无线信号的空间分布特性…………………………… 36
2.4　本章小结……………………………………………………………………… 45

第 3 章　基于 Wi-Fi 与蓝牙的楼层识别方法 ………………………………… 46
3.1　信号区间置信度楼层识别算法……………………………………………… 46
3.2　信号区间置信度楼层识别算法验证与结果分析…………………………… 50
3.3　自适应加权融合楼层识别算法……………………………………………… 53
3.4　自适应加权融合楼层识别算法验证与结果分析…………………………… 56
3.5　本章小结……………………………………………………………………… 63

第 4 章　基于行人活动分类的楼层变更检测方法 …………………………… 64
4.1　行人运动过程与智能手机加速度传感器数据的联系……………………… 64
4.2　利用加速度计数据实现行人活动分类……………………………………… 67
4.3　行人活动分类试验及结果分析……………………………………………… 73
4.4　基于活动类别的楼层变更检测方案………………………………………… 74
4.5　楼层变更检测试验与结果分析……………………………………………… 79
4.6　本章小结……………………………………………………………………… 84

第 5 章　基于无线信号与 HAR 融合的多场景楼层位置解算 …………………… 85
5.1　多楼层内部空间结构分析 …………………… 85
5.2　多场景楼层识别方案与分析 …………………… 87
5.3　楼层位置与三维室内定位 …………………… 94
5.4　本章小结 …………………… 100

第 6 章　基于行人活动分类的高程估计方法 …………………… 101
6.1　基于气压的高程估计方法及其不足分析 …………………… 101
6.2　基于 HAR 的高程估计方法 …………………… 104
6.3　高程估计试验及结果分析 …………………… 107
6.4　本章小结 …………………… 109

第 7 章　结论 …………………… 111

参考文献 …………………… 113

第1章　绪　　论

1.1　研究背景及意义

1.1.1　研究背景

卫星定位的问世，帮助人类全方位地解决了“我在哪里”的定位问题和“如何从哪到哪”的导航任务，自此开启了人类定位与导航的历史新纪元。2013年，《国家卫星导航产业中长期发展规划》指出，卫星导航产品和服务涉及公共安全、交通运输、防灾减灾、农林水利、气象、国土资源、环境保护、公安警务、测绘勘探、应急救援等重要行业及领域，并指出我国2020年卫星导航的目标是产业规模超过4 000亿元[1]。在2019—2020年的新冠病毒疫情防控工作中，我国北斗卫星导航系统与大数据深度融合[2]，及时掌握人员流向，有效切断病毒传播；高精度测量定位加速助力“雷火双神山”医院的建成；引导无人机等设备开展消毒物流工程，有效控制疫情的发展，发挥了极大的威力。卫星定位与导航涉及人类生活的方方面面，已成为人们日常生活工作必不可少的一部分。卫星系统稳定且发挥良好作用的前提条件是能接收到至少4颗卫星的信号，但在室内环境下，遮挡会导致卫星信号衰减严重，从而使卫星系统性能受到限制。

我国科技部在2008年提出“羲和计划”，大力推广室内环境下的定位与导航能力，以弥补卫星信号定位能力的不足；在2012年的《导航与位置服务科技发展“十二五”专项规划》中明确指出“要推动室内定位技术发展，做到室内外协同实时精密定位”；2016年又在“地球观测与导航”重点专项中拨款约1.5亿元用于室内定位的相关研究，并提出面向大型复杂公共场所的安全监控与预警和应急救援与管理等重大应用需求，研究开发基于多源数据的室内混合智能定位技术。2020年，中国移动联合华为、中兴、诺基亚、高德地图、京东物流、清研讯科等多家企业组成的精准定位联盟发布了《室内定位白皮书(2020年)》[3]（简称《定位白皮书》），提出：如今人们80%～90%的时间在室内度过；室内环境下，卫星信号因遮挡严重而导致其微弱，需要其他替代技术完成定位与导航业务；我国室内定位直接市场总量已突破 3 000 亿元，在化工厂、养老院、三级医院、看守所、监狱、博物馆等场所都大规模引入了室内定位，增长速度极快；且在室内定位的产业链方面，上、中、下游技术环境已完全成熟，各层面均有大量企业；在应用场景方面，机场、酒店、医院、办公楼和商场是最愿意部署室内定位的场所；博物馆、医院、园区、工厂、停车场等场所对室内定位需求旺盛，市场规模庞大且逐年增加，具有良好的发展趋势。

2013 年的《室内外高精度定位导航白皮书》[4]中指出，随着现代社会的不断发展，城镇化进程加快，大型建筑日益增多，全球有超 50 亿手机用户，餐饮、购物、地铁交通成为人们生活中十分重要的组成部分，对室内位置服务的需求迅速增加。而公共安全、生产安全、应急救援、物联网、特殊人群监护、大型场馆管理、智慧城市建设等领域都需要使用准确的室内位置信息，因此，导航与位置服务产业有上万亿的市场空间。近几年，基于室内位置的服务逐渐被人们熟知并应用，比如医院导诊、商场会友、停车场停车与反向寻车、特殊人群监护、大型场馆管理、智慧城市建设等领域。百度地图、高德地图、蜂鸟地图等各大地图软件商早已在全国地图中突出显示某些商场的各楼层室内地图。国内外相关机构已在商场、机场等大型公共场所建成许多室内定位与位置服务系统，开展室内导航、应急救援等示范应用，并提供基于大数据和云计算技术的室内商业化增值位置服务。然而，当今时代高楼林立，大量建筑为多楼层结构（如图 1-1 所示），人们对室内位置服务的追求早已由原来的二维扩展至三维。在多楼层环境中，除了获取水平维度的位置信息之外，还需获取垂直维度的高度信息。

图 1-1　高楼大厦

随着室内位置服务的广泛应用，人们对楼层识别（也叫楼层定位、楼层判定）的需求也与日俱增[5]。楼层识别在紧急救援中的作用尤为突出[6]，在火灾现场，及时准确地获取待救人员楼层，可极大地提升整体救援速度及人员获救概率。2019年3月15日，美国联邦通信委员会（Federal Communications Commission，FCC）发布了一项提案，要求通信运营商必须能更准确地对室内拨打911报警的电话进行精确定位。而这项精确定位要求的重点在于：在高楼中能够居于 z 轴（也就是垂直方向）进行±3 m范围内的精确定位，即锁定楼层。该提案将帮助911呼叫中心确定报警者的楼层，这可以缩短紧急响应时间并最终挽救生命[7]。2020年3月20日，28岁的中国留美博士由于感染流感病毒病情加重而拨打911求救，但报警系统只显示了可能的两栋建筑但无法确定目标建筑及楼层和房间信息，导致5名警察、3名消防员、1只搜救犬均搜索失败，呼叫者最终死于房中[8]。由此类案例足见室内定位及楼层识别的重要性。据权威报告《中国智能穿戴设备市场跟踪报告》互联网数据中心（Internet Data Center，IDC）统计，截至2019年3月，小天才电话手表全年国内累积出货量超2 000万台[9]，可支持全国3 000多家大型商场、高铁站、飞机场的室内定位，孩子的位置可以精准到某一层某个店铺附近。小天才电话手表在2019年研发出了立体定位[10]。立体定位也是基于平面定位而升级的定位技术，但是相比于平面定位，立体定位能够覆盖到平面定位覆盖不到的地方。比如在大型商场、写字楼以及在高铁站等密集建筑群，佩戴采用立体定位技术加持的电话手表时，家长们可以查看孩子在这些建筑物内的位置、楼层等信息。

在多楼层室内环境下，室内定位系统（Indoor Positioning System，IPS）及其应用对楼层选择非常敏感[11]，楼层识别的功能实现使室内定位作用更大。在多楼层室内空间，若楼层识别错误，则系统会选择错误的地图来显示位置[12]；在救援现场，及时准确地获取待救人员的楼层位置（也指楼层编号，如第1层），可极大地提升整体救援速度及人员获救概率；对于视力受限的人群来说，在多楼层环境中，楼层位置的获取比平面位置更加迫切；在室内光线较弱或者火灾烟雾现场等环境下，楼层信息均不易获取。在室内定位应用中，定位终端无法在任何计算之前直接获取楼层位置，而是通过获取的传感器数据计算楼层位置，或通过外部输入获取楼层位置并发挥室内定位功能。在室内定位系统中，目标楼层平面地图的调用依赖于楼层识别结果；准确的楼层判断可以有效减少指纹匹配阶段的搜索空间，同时提高定位精度并降低运算开销[13]；文献[14]中也提出，高效的室内定位系统应提供准确的楼层估计以及模糊的楼层高度信息。总之，高程估计或楼层识别在室内定位领域具有非常重要的作用，几乎所有多楼层环境下的室内定位应用都需要解决楼层识别的问题。当面对一些大面积高层室内场馆时，高程估计将变得更加重要，通过高度位置的解析，可在单维度辅助解决并提升目标具体位置的定位精度。

智能手机的普及为室内定位带来了广阔的市场需求与空前的机遇。智能手机自带多种传感器，包括 Wi-Fi、蓝牙、视觉、声波、光线、气压、惯性传感器等。同时，Wi-Fi 已在全世界范围内广泛普及，在多楼层环境中，人们几乎随时随地可以连接到 Wi-Fi 网络。此外，蓝牙模块在智能化的今天应用比较广泛，主要应用有定位标签、资产跟踪、运动及健康传感器、医疗传感器、智能手表、遥控器、玩具等，且在物联网时代，蓝牙模块成为不可或缺的支撑模块之一。在实际应用中，蓝牙模块价格低廉，易布设，具有一定的普适性。Wi-Fi、蓝牙以及智能手机的广泛普及，为室内定位、楼层识别与高程估计的普及应用奠定了良好的基础。

室内定位是位置服务、万物互联、人工智能和未来超智能（机器人＋人类）应用的核心技术之一[15]，对即将到来的人工智能时代起着举足轻重的作用。目前，国内外已有大量的室内定位系统与技术[16-17]，精度从高到低大体有如下几种：计算机视觉[18-19]、红外线[20-21]、超宽带[22-23]、超声波[24-25]、伪卫星[26-27]、可见光[28-29]、惯性元器件[30-31]、射频识别[32-33]、ZigBee[34-35]、地磁[36-37]、Wi-Fi[38-39]、蓝牙[本书所指蓝牙均指低功耗蓝牙（BLE）][40]、步行者航位推算（PDR）[41]等，可实现不同环境下亚米级至十米级的定位精度，因信号源的广泛普及且易获取而较易普及应用的定位方法主要有 Wi-Fi 定位、BLE 定位、地磁定位和 PDR 定位，对应的信号分别是 Wi-Fi、BLE、地磁信号和各类智能手机传感器等[42]。同时，一大批基于多楼层环境的室内定位系统也陆续出现，有 Locus[43]、HyRise[44]、BarFi[45]、TrueStory[46]、BigLoc[47]、ZeeFi[6]、F-Loc[48]、FTrack[49]等，均可实现多楼层环境下的楼层识别。近 20 年来，基于室内垂直维度的定位具有迅猛增长的趋势，搜集了约 160 篇与室内楼层识别与高程估计有关的文献（不是所有，但可看出趋势），并按年份进行了统计，如图 1-2 所示，可看出室内楼层识别与高程估计的文献量在近几年开始迅速增长。针对室内环境楼层识别或高程估计的方法主要有单信号方法和融合方法。单信号方法主要基于无线信号、气压、惯性传感器以及地磁等，融合方法主要是多种单信号方法的混合或融合。

智能手机的普适性高，可搜集 Wi-Fi/BLE 信号、气压计及多种自带传感器的数据。提高智能手机获取多源信号数据的利用率，可实现高精度的楼层识别与高程估计，同时尽可能地发挥各传感器的作用，提升信息利用率。基于公用的基础设施与信号源，多数楼层识别方法和高度解算与二维平面的室内定位技术有相似之处，因此在多数室内定位技术中存在的问题同样在楼层

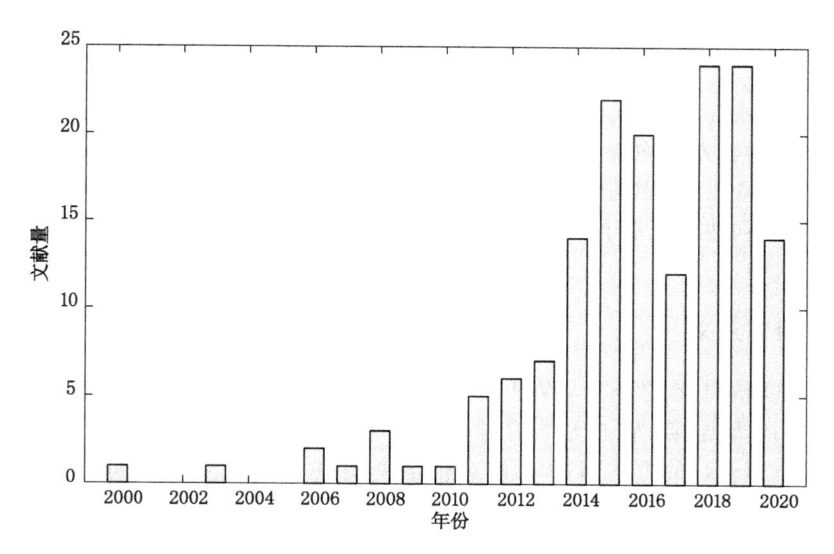

图 1-2　近 20 年来室内楼层识别与高程估计文献量统计情况

识别与高程估计技术中也有所体现。除此之外，还有一些问题仍需解决，主要有：

（1）多楼层建筑内部空间结构各不相同，无线信号在不同结构中的空间分布特性不同；各楼层无线访问接入点（AP）布设密度稀疏不一；多径效应引起的无线信号波动性较大等特点，使得现有基于无线信号的楼层识别方法对室内结构与 AP 布设条件的普适性不高、楼层识别精度不稳定。

（2）多层建筑内部格局多种多样，层高、面积、布局等各不同，同一楼层不同位置处的空气流通程度不同，引起的气压也不同；不同气压传感器型号不同，需校准；基于基站的气压方法需额外布设并开发数据传输功能；基于气压测高的方法需获取初始值参考等，均限制了基于气压识别楼层的普及应用。

（3）无线信号受多径效应影响具有波动性特点，导致基于无线信号的楼层识别稳定性不够，虽可通过牺牲一定的初始化时间获得提升但仍无法避免；故需要考虑与“相对稳定”的楼层变更检测方法结合，以实现高精度、持续稳定的楼层识别效果。

（4）现有楼层变更检测方法中，大多在楼层切换动作完成后才能有效识别，实时性不高，当用户在上下楼梯过程中出现小段时间的停止或往返运动时，现有方法容易失效或误判。

（5）部分室内环境中的垂直维度更注重高度信息而非楼层位置，比如运动场馆、大型剧场等层高较高的区域，由于智能手机气压传感器噪声较大，对亚米级高差不敏感，导致高程估计误差较大，因此需要考虑更精确的高程估计方法。

通过上述分析，可见目前楼层识别与高程的解算方法在普适性、高精度、实时性、稳定性等方面均有不足，多个性能指标难以兼顾，需融合多源数据信息兼顾多种环境特点，采用适合室内多种楼层结构的高精度、普适性、实时性和稳定性的楼层识别技术，同时在有需求的室内场景下可解算出目标的高精度高程信息。

1.1.2 研究意义

在高度信息化的今天，Wi-Fi、BLE 等无线热点广泛布设，智能手机均支持 Wi-Fi/BLE 连接，基于无线信号的楼层识别方法无须额外布设；基于人体行为识别(HAR)的方法可检测相对楼层变更并有效识别行人每一步的高度变化，上述功能均有利于楼层识别与高程估计的普及应用。基于现有布设条件，可利用智能手机多源传感器数据完成楼层识别及高程估计，进一步为室内定位提供更精确的垂直维度位置支持。但在多楼层环境中，室内结构复杂，楼层内部空间结构各有不同，楼层高度不统一，多径效应导致无线信号波动性大，以及智能手机传感器噪声较大等，导致现有室内楼层识别与高程估计算法的精度不够，普适性不高，实时性较差等。因此，在多楼层环境下，针对楼层识别和高程估计的一些问题，仍需开展深入研究，找出适用于不同室内结构的具有高精度、普适性、实时性的楼层识别方法，探寻高精度、鲁棒性较好的高程估计算法。研究基于无线信号并利用智能手机传感器数据，实现多室内结构环境下楼层识别与高程估计的方法，具有广泛的应用和研究价值，具体意义如下。

1.1.2.1 现实意义

首先，现阶段，多数室内定位系统中楼层识别功能缺失或较弱，部分系统只有依靠人为输入获取楼层信息，才能进一步调用及显示所在楼层的室内地图并进一步显示出目标位置，一定程度上限制了室内定位系统的普及应用。开发可自动解算楼层或高程信息的室内定位系统，可进一步提升多楼层环境中室内定位系统的普适性，实现用户所在楼层的室内平面地图自动化获取并展示，深入解决智能终端在多楼层环境中的定位与导航问题，以及提升多楼层环境中用户的满意度。

其次，现有的多数基于无线信号的楼层识别方法中，有的适用室内结构单一，有的对 AP 布设条件有一定要求；部分基于气压数据的楼层识别方法需提前预知楼层高度，或额外布设基站并开通数据通信功能，且需预先解决设备异构性问题。多数楼层识别方法对试验场景具有一定的要求和环境依赖性，开发鲁棒性较高的楼层识别算法能够更好地提升室内定位系统的鲁棒性和普适性。

再次，多楼层室内空间结构呈多样化特点，一般情况只需要楼层识别即可满足要求，但在层高较高的一部分场馆，则更需要进行高程估计。解决高程位置的解算问题能够更好地辅助室内位置的解算，并提升室内定位的精度。高程估计对各大中小场馆甚至普通多楼层的室内定位系统的定位精度，具有很好的提升作用。

1.1.2.2　理论意义

深入研究楼层识别与高程估计算法，建立适用于多种室内结构的楼层识别方法与高程估计算法，可辅助提高室内定位系统的精度和可靠性，为室内多源混合楼层定位提供技术支撑，对于提升室内定位精度、完善室内定位系统应用具有重要的科学意义。

1.2　国内外研究现状及分析

国内外相关学者在多楼层室内环境下楼层识别与高程估计技术方面已做了大量的研究。本书侧重于以智能手机为研究载体，提出基于多源信号的楼层识别和高程估计方法。从基于无线信号的楼层识别方法、基于气压传感器的楼层识别方法、基于惯性传感器与人体行为的楼层识别方法、基于多源信号混合的楼层识别方法、基于室内高程估计的方法、基于智能手机惯性传感器的HAR算法等多个方面展开对国内外研究现状的分析，并汇总存在的问题。

1.2.1　基于无线信号的楼层识别方法研究

由于室内环境中无线电波传播的复杂性和信号衰减，可能无法提供足够的边距差异来实现对两个相邻楼层的分类[50]，这一特点给基于无线信号的楼层识别带来一定的挑战。基于无线信号的楼层识别方法主要分两种：基于无线信号传输模型和基于无线信号指纹。

1.2.1.1　基于无线信号传输模型的楼层识别方法

基于无线信号传输模型的楼层识别方法多数依赖于信号的传播特性，且必须获取信号源AP的地址方能有效开展楼层识别。俞敏杰等[51]基于多楼层环境中各试验AP的位置信息，提出一种加入楼层间钢筋混凝土衰减模型的多楼层差分算法，通过接收来自不同楼层的AP信号，加以差分计算差值的分布来实现楼层的区分。该方法适用于楼层面积较小的试验场景，因为一旦楼层面积增大，同楼层内较远处距离的信号将与相邻楼层的信号衰减程度类似，容易导致楼层误判，且真实大面积多楼层环境 AP 位置不易获取。基于等值线和欧氏距离两种算法的楼层识别方法也被提出[52]：等值线算法基于 Wi-Fi信号的传输模型开展，结合模拟信号的三角形等值线进行楼层识别；欧氏距离算法被用作相似性度量参数进行楼层识别。Bhargava 等[43]提出一种用于多层建筑的室内定位系统 Locus，楼层识别阶段通过使用基础设施点的位置计算得出，无须信号指纹或校准过程。该方法通过计算测试信号对应的最大接收信号强度(Received Signal Strength Index，RSSI)、最大平均 RSSI、最大 RSSI 方差和最大 RSSI 数量 4 个属性指标来确定楼层位置，该方法基于 AP 信号在穿过天花板和地板时衰减的事实来选择这些属性。Maneerat 等[53]提出了一种使用基于 RSSI 求和的置信区间的数据集的统计特性来估计目标楼层的算法，称为 CIS-RSSI 楼层算法，文中的试验场面积较小，要求 AP 在每层楼的数量相同，在 95%的置信区间内该算法的楼层识别精度可达 100%。Zhang 等[54]提出了 4 种楼层估算方法来减少基于指纹采集过程中出现的费时费力的问题，包括鲁棒加权质心定位方法、鲁棒线性三边测量方法、鲁棒非线性三边测量方法和鲁棒反褶积方法，虽然有效解决了基于指纹定位的部分问题，但前三种方法需要 AP 位置的信息作为先决条件，这点在实际应用中较难解决。Mannerat 等[55]提出了一种鲁棒的楼层确定算法，称为鲁棒置信区间和(Sum of Robust Confidence Intervals，RCIS)，该算法可以准确确定移动对象所在的楼层，并且可以在无故障或 RN 故障的情况下工作，结果表明，在 40%的参考节点失败的情况下，所提出的算法可以实现三层建筑中 100%正确的楼层确定，但该方法选择笔记本电脑且需获取 AP 的安装位置，普适性较差。Shi 等[56]提出了一种基于 Wi-Fi 低复杂度的依靠多层墙壁多楼层的路径损耗模型来估计地板水平的方法。尽管该系统在理论上是合理的，并且已显示出良好的基于仿真的性能，但是由于复杂的室内环境限制了其准确性和普适性。同时，Lot 和 Chrysikos 等[57-58]指出多楼层路径损耗模型可能是最精确的模型。Liu 等[59]提出利用楼层之间的 RSSI 下降的特性来确定楼层的方法，该方法需要预先记录所有 AP 所处的楼层信息，定位过程中使用定位终端收集当前位置所有 AP 的 RSSI，并对大于该 AP 的 RSSI 的 AP 个数进行统计，将包括 RSSI 大于阈值的最大数量的 AP 的楼层确定为终端当前所在的楼层。

1.2.1.2 基于无线信号指纹的楼层识别方法

基于无线信号指纹的楼层识别方法基本需要两个阶段：离线指纹采集与建库阶段，或训练阶段；在线楼层识别阶段，或测试阶段。总体流程虽然大同小异，但是具体实现与处理方法存在多样化特性，主要原因是无线信号在不同室内空间结构环境中的信号空间分布特性具有一定的差异性，导致不同环境下适用的方法不同。

有些方法利用AP布设情况开展楼层判定。艾浩军等[60]提出了基于信号强度与AP布设楼层的加权K近邻算法和对所有参考点的RSSI进行神经网络(ANN)训练的方法进行楼层识别，两种方法在结合楼层变化检测方法后效果较好。但方法中的敏感区域检测依赖于定位结果的鲁棒性，且水平定位与楼层识别的依赖逻辑关系稍显“混乱”，在实际定位系统中容易发生一定的不确定性。个别方法中先对RSSI进行预处理，包括阈值计算、滤波、提取最大最小值、筛选AP等，再进行测试信号与聚类数据的匹配。比如邓中亮等[61]提出一种基于K-means指纹聚类算法的WLAN室内定位楼层判别方法，先通过每个AP的最大最小值进行粗分类，再将多楼层结果与测试指纹进行最近邻计算，最终得出目标楼层，该方法精度较高。但该方法在具有中庭空间的室内多楼层环境下使用时，由于无线信号跨楼层传输时无明显突变，导致AP的RSSI信号范围在相邻楼层间具有较大的重合率，最终影响楼层判断的精度。所谓中庭空间，是建筑空间的一种形式，是指建筑内部的庭院空间，其最大的特点是形成具有位于建筑内部的“室外空间”，现已被广泛地运用在办公楼、购物中心等各类大中型公共建筑中。郭美佳[62]通过最强RSSI匹配算法过滤掉远离带定位点可能区域指纹库，进而确定用户所处的大致区域，并根据预先划分好的区域确定终端所处楼层号。此部分方法考虑了信号在当前楼层的取值范围，未考虑AP的布设信息，在特定场景下精度较好，但如果是在中庭空间多楼层环境，该方法的楼层识别效果将受影响。Rahman等[63]提出了一种基于简化数据库的多层建筑中定位用户所在楼层的方法，数据库精简过程通过精简AP数来实现。该方法只考虑“重点”AP，对于AP布设分配不均的多楼层环境，其应用效果将大打折扣。Zheng等[47]提出一种基于Wi-Fi接入点和RSSI值的RTF-IFF相关算法的楼层识别方法，针对RSSI方差问题，提出了一种新的度量标准，即使用KL散度来捕获位置指纹概率分布的相似性，在一个三层楼的购物中心实现了95%的楼层识别精度。

有些方法先对指纹无线信号数据进行聚类、分类或模型训练，再运用训练模型进行楼层识别。于杰、Rajagopal等[64-65]利用Wi-Fi信号穿越楼层时信号衰减显著的特性进行层次聚类，在线阶段将测试信号数据与聚类结合进行比较，找出聚类中距离测试点最近的类，该类所在的楼层号被确定为目标楼层。Alsehly等[66]提出两种楼层识别算法，其中最近邻楼层算法在训练阶段提前将每个AP只保存一个楼层位置参考，在线阶段进行K最近邻楼层位置找寻，当AP在多楼层环境中平均分布时效果最好；群方差算法考虑了AP的信号在每层的分布情况，并提出度量值：范围、方差和可用性。在线楼层识别阶段采用 3 秒的信号数据测试，并根据度量值添加权值，最终将计算出的最大可能性楼层作为目标楼层。两种算法实现简单，但精度一般。Zhang 等[54]和 Huang 等[67]分别利用支持向量机（Suppport Vector Machine，SVM）和隐马尔可夫模型（Hidden Markov Model，HMM）算法开展 Wi-Fi 楼层识别。在每层 46 m^2 的办公楼走廊区域进行测试，楼层识别精度高达 99%。文中选择了比较流行的 SVM 分类方法，分析了信号的多径效应及相应的不稳定性，且楼层分类精度较高。若文中的试验场变为其他格局或者大面积多楼层环境，该方法的应用效果很可能会有所下降。Razavi 等[68]提出了一种基于 K-means 的无线信号聚类楼层估计方法，方法中通过仅存储和传输群聚头及其相应的楼层标签实现了数据库的缩减。该方法通过在离线阶段采集指纹库并将其聚类训练后保存入库，在线阶段先通过观测向量与所有聚类比较找到最相似的簇，然后在该簇内比较找到对应的楼层结果。

Elbakly 等[69]提出了 StoryTeller，一种基于深度学习的多层建筑物楼层预测技术。它利用无处不在的 Wi-Fi 信号生成图像，并将其输入卷积神经网络（CNN），经过训练该网络可以根据 Wi-Fi 信号来预测楼层。与传统的指纹识别不同，StoryTeller 使用与 AP 和建筑物无关的图像，并通过转移学习来减少对数据收集的依赖。这使其可以在全新的建筑物中重用经过训练的网络，从而大大降低了数据收集的成本。该方法算法先进，普适性较好，但其前提是在一定范围内 AP 所在楼层的 RSSI 强于其他楼层的 RSSI，在中庭空间结构的多楼层环境中这一方法可能会受较大影响。此外，还有使用深度神经网络（DNN）进行楼层位置估计的方法，Flores 等[70]提出了一种新的 DNN 架构，该架构基于用于减少特征空间尺寸的堆叠式自动编码器和具有 arg max 函数的多标签分类的前馈分类器，以将多标签分类结果转换为多分类结果，最终完成楼层分类与估计。Qi 等[71]提出了一种基于主成分分析（PCA）和整体极限学习机（ELM）技术的 RSSI 地板定位方法，其中 PCA 算法用于减少训练集的维度，使用集成 ELM 进行分类学习训练生成分类函数。

此外，还有一部分指纹信号采集运用众包方式，减少了指纹采集的工作量。高洪晔[72]采用众包方式采集多楼层环境内的信号指纹数据，并结合行人运动模式进行 HMM 分类得出信号集合与楼层映射表，然后通过实时阶段采集的RSSI信息与楼层映射表匹配获取人物的楼层归属，或者多方法融合进行楼层识别。Campos 等[73]提出了结合两种方法的楼层识别技术：自然数据点直接分组而不考虑建筑数据；建筑数据点分组且考虑建筑数据，并结合聚类技术实现楼层识别。利用笔记本电脑采集 AP 的相关指标数据，包括智能手机无法采集到的载波号码、噪声水平和信噪比，定位精度较好，但采集过程非常不利于普及应用。Maneerat 等[74]提出利用从 AP 接收到的 RSSI 值来确定楼层，该方法要求每层的 AP 数量相等，并选择 RSSI 总和最高的楼层作为目标楼层。该方法简单，但大多数实际场景不满足文中的布设要求，此方法更适用于单层面积较小、AP 点布设平均分布的多楼层环境。一旦换作大面积的多楼层环境，会导致 AP 在各楼层不同位置处的 RSSI 分布差异性变小，并导致楼层识别结果误判。大多数基于无线信号的楼层识别方法基于如下事实开展：AP 信号在穿越楼层层板到达相邻楼层时会发生较严重的信号衰减，而产生信号突变。基于这一现象开展各类楼层识别研究，比如：邓中亮等[61]、于杰[64]提出的方法中有相关介绍，但在具有中庭空间的多层建筑中此假设很可能失效；Elbakly 等[46]提出中庭结构的建筑物配置使楼层估计精度不够问题更突出，因为这使有关 Wi-Fi AP 接收的典型假设无效。为了应对这一空间结构以及 AP 密度不均的挑战，文中提出一种使用建筑物的 Wi-Fi 网络准确而可靠地识别用户楼层的 TrueStory 系统，该系统采用了多种技术，包括信号归一化、AP 功率均衡，以及使用多层感知器神经网络融合各种学习器，结果显示该系统的楼层预测准确率可达 91.8%，提高了楼层估计的准确性，并将楼层误差降低了 23% 以上。Alshami 等[75]结合了指纹定位以及路径损耗加楼层衰减因子共同完成楼层识别，该方法中的楼层识别模型基于如下模块实现：动态无线电地图生成器，RSSI 确定性技术以及人们对动态和多层环境的存在效应集成，并且充分考虑了动态环境、设备异质性及人员对 RSSI 的影响等不确定性因素。但其楼层识别精度仍受楼层衰减因子的影响，即位于不同楼层参考点之间的相似性低于同一楼层参考点之间的相似性，同时提出：错误的定位结果仅在电梯和楼梯区域内发生。部分指纹定位方法以 AP 的媒体访问控制(Media Access Control，MAC)地址向量作为匹配索引，而非 RSSI 值向量，如 Han 等[76]使用不同楼层中接收到的 MAC 地址向量的差异来识别楼层，即通过匹配接收器接收到的 MAC 地址向量与预先存储在指纹数据库中的 MAC 地址向量之间的相似度来识别接收器所处的楼层。该方法具有一定的创新性，但使用于多层开放式中庭中跨楼层和相邻建筑物无线电信号的干扰将对该方法的使用带来挑战。

针对基于无线信号的楼层识别方法，在作者、年份、试验区域、楼层数、采样方式、AP 布设、算法、精度、实时性、普适性等方面将涉及方法做了大致整理，见表 1-1。

表 1-1　基于无线信号的楼层识别方法统计

作者	年份	试验区域	楼层数	采样方式	AP 布设	算法	精度	实时性	普适性
Alshami 等[75]	2017	实验楼	3	定点采集	未知	K-近邻模型，DIPS 模型	98%	较高	一般
张旭[77]	2016	实验楼	4	定点采集	已知	SVM 分类	80%左右	较高	
齐双[78]	2015	普通建筑	3	定点采集	已知	放射传播聚类，RSSI 阈值	较高	高	不高
俞敏杰[79]	2013	宿舍楼	3	定点采集	1、3 层各 2 个	楼层差分算法	高	较高	低
毛科技等[80]	2013	仿真建筑	未知	定点采集	已知	投影测距算法，分层结构定位	较好	较高	一般
Gansemer 等[52]	2009	博物馆、教学楼	2～4	4 个方向	已知	等值线算法，欧氏距离算法	86%～96%、93%～100%	高	不高
Marques 等[81]	2012	实验楼	3	定点采集	未知	相似性函数和多数规则	高	高	一般
Rahman 等[63]	2014	学术楼、图书馆	4、7 层	定点采集	已知	精简指纹库高效楼层判定	75%～86%	较高	低
Maneerat 等[74]	2014	实验楼，每层 35 m×35 m	3	无	已知	sum-RSSI 楼层算法	98%	较高	低
Zhang 等[54]	2018	办公楼部分区域	3	定点采集	已知	SVM 分类法，10 倍交叉验证法	99%	较高	低
Wang 等[82]	2010	学术楼	3	未知	未知	信号间流行图	辅助提高	一般	一般
Alsehly 等[66]	2011	实验楼	5	定点采集		最近楼层算法，组方差算法	不高	较高	一般

表 1-1(续)

作者	年份	试验区域	楼层数	采样方式	AP 布设	算法	精度	实时性	普适性
Razavi 等[85]	2016	教学楼	4	无	已知	鲁棒加权质心，线性三边测量，非线性三边测量，反褶积方法	最高 86%	较高	一般
Bhargava 等[43]	2013	学术办公楼	4	无	已知	启发式算法	99.97%	较高	不高
Al-Ahmadi 等[83]	2010	通信中心大楼	2	无	已知	MCMC(马尔可夫链下的蒙特卡洛方法)抽样	未知	未知	未知
Liu 等[84]	2011	办公楼，每层 60 m×25 m	8	定点采集	未知	基于距离与信号差值的算法	高	高	一般
郭美佳[62]	2015	教学楼 1～2 层	2	定点采集	已知	区域划分和最强 RSSI	99.90%	高	不高
高洪晔[72]	2014	办公楼	3	众包采集	未知	隐马尔可夫模型，聚类分析，皮尔逊相关系数	特定参数下 100%	高	不高
邓中亮等[61]	2012	机场航站楼	3	定点采集	未知	楼层衰减，K-means 聚类	高	高	一般
黎海涛等[13]	2017	办公楼	3	定点采集	12 个，位置未知	RSSI 阈值判定	优于 97.2%	高	一般
于杰[64]	2016	公寓楼	3	定点采集	28 个，位置未知	层次聚类	约为 93%	高	一般
俞敏杰等[51]	2014	办公楼	6	未知	4 层、1 层和 3 层等	多楼层路径衰减，差分算法	一般	高	一般

表 1-1(续)

作者	年份	试验区域	楼层数	采样方式	AP 布设	算法	精度	实时性	普适性
Sun 等[50]	2015	普通建筑	6	无	无	多层本地化框架	较好	较高	一般
Han 等[76]	2019	办公楼	2	定点采集	未知	通过计算测试点与楼层所有参考点的 MAC 地址之间的重复率判断楼层	无	较高	较高
Campos[73]	2014	图书馆	3	电脑定点采集(载波、噪声等)	未知	结合两种方法:自然数据点与建筑数据。*K*-medians 聚类、ANNs、多数投票	91%~97%	高	低
Liu 等[86]	2017	帕维亚大学的工程学院	3	定点采集	未知	指纹匹配三角定位	不高	高	高
Maneerat 等[55]	2016	未知	5	无须采集,电脑测试	已知	RCIS-RSSI 底限算法	100%	高	不高
Elbakly 等[46]	2018	三座建筑	多层	众包采集	已知	信号归一化,AP 功率均衡,以及使用多层感知器神经网络融合各种学习器	90%	未知	未知

无线信号由于受室内空间结构的影响，在不同楼层之间的传输特性不同。对有全部楼层层板结构的多楼层环境，无线信号在跨越不同楼层时会发生较大的衰减，造成不同楼层之间的信号存在较明显的差异，此时基于无线信号的楼层识别方法有较好的表现。相反，针对具有中庭空间结构的多楼层环境，相邻楼层之间由于缺少楼层层板的遮挡，无线信号在传输过程中的衰减不明显，导致相邻楼层之间信号的相似性较高[61,87]。经调研发现，多数基于无线信号的楼层识别试验均在拥有全面积楼层层板的多楼层室内环境中开展，有文献提出基于无线信号的方法在中空区域表现较差[87]。而具有中庭空间的多楼层建筑主要分布于各大中小城市的购物商场和医院，此类环境人员分布密集，对基于位置的服务（Location Based Services，LBS）的需求旺盛，因此在此类环境实现高精度的楼层识别具有很高的研究价值。目前，专门针对此类环境的楼层识别尤其是初始楼层识别的研究极少，本书对基于无线信号的楼层识别方法方面的大部分研究文献进行了整理，分析了文献中试验场的楼层结构，分析结果显示，极少有针对或涉及中庭空间结构的楼层识别方法。除已列出的文献外，这些楼层结构也在文献[88]至文献[91]中有所体现。虽然文献[68]中的第二个试验场有中庭空间结构，但试验区域与中庭空间有办公室及楼层层板相隔，即在两侧均为办公室的中间走廊区域开展的试验，试验区域结构仍属全楼层层板而非中庭空间结构。

1.2.2　基于气压传感器的楼层识别方法研究

部分智能手机中安装有气压传感器，比如华为 Mate8 手机配备了罗姆（ROHM）的 BM1383 气压传感器，相对高程测量而言，精度可以达到 1 m。该范围可以满足当前室内楼层识别的精度要求[92]。鉴于气压与高度的对应关系，气压传感器是估计高度效果良好的传感器。基于气压传感器估计楼层的方法也有很多[49,93-94]，主要分为基于参考基站和基于气压差测高差的方法，分别从有无参考基站和基于气压方法的挑战方面开展分析。

1.2.2.1　有参考基站

Xia 等[12]使用多个气压计作为内置气压传感器的智能手机楼层识别的参考，并以此确定各楼层位置。该方法具有较好的楼层识别效果，但在多楼层、大面积室内环境下需大量的额外布设及开通数据传输功能，成本较高；且楼层面积越大，相同楼层的气压变化幅度越大，限制了此方法的普及应用。Kim 等[95]提出一种使用配备气压传感器的智能手机收集气压信息，与目标建筑物中已知高度的特定位置的压力值计算压力差，并根据压力差达到楼层检测目标的方法。Falcon 等[96]引入了一个系统，该系统利用行人的移动设备的传感器数据来估计行人所处的楼层高度，利用配备了气压传感器的智能手机来测量从建筑物入口到测试者室内位置的气压变化，进而获取楼层高度。

1.2.2.2 无参考基站

艾浩军等[60]结合步态信息作为楼层变化检测的依据，通过利用加速度传感器进行步态检测，同时结合每一步的气压差判别是否有楼层变化，最终完成楼层变化检测。刘克强[97]使用微分气压测高法来辅助楼层识别，并达到98%的判断率。Ye 等[98]提出了一种基于气压传感器的楼层识别系统(B-Loc)，利用智能手机上的气压传感器检测用户在垂直方向上的移动来实现楼层识别。利用众包采集，B-Loc 构建了气压传感器指纹图，其中包含每个楼层的气压值并以此参考定位用户的楼层，最终实现了 10 层楼环境中 98%的楼层识别准确率。Ruan 等[99]提出一种通过气压和高度的特征识别用户上下楼活动，并结合"输入"检测算法获取初始楼层位置进行楼层识别的方法；提出一种基于领域的气压传感器相对误差标定方法，很好地解决了不同性能、不同手机的异质性问题，楼层识别精度可达 85%以上，同时减少了对环境的依赖性。Chen 等[100]根据当前实际楼层位置(如第一层)，基于动态气压楼层判别模型，通过每层楼层所花费的平均时间和每层楼的高度，实时确定用户的楼层位置。Yu 等[92]提出的基于气压传感器进行楼层识别的方法中，首先通过具有"进入"检测算法获取初始楼层位置(假设第一层)，其次通过气压波动特征获取用户上下楼活动，最后估计上下楼期间用户在垂直方向的位移和楼层变化而获取准确的楼层信息，平均准确率超过了 85%。同时，针对设备异构性问题提出了一种基于最近邻的气压传感器的校准方法，该方法基于不同智能手机接收到 Wi-Fi 信号强度的相似度进行气压的校准。Yi 等[101]提供了一种基于压力对的楼层识别方法，称为 FloorPair，该方法可提供接近 100%的地板定位精确度。FloorPair 的基本原理是使用具有两个新功能的来自智能手机的高精度相对气压值来构建相对气压图：首先通过分析两个楼层的气压值，将传感器漂移的不确定性和气压计的不可靠绝对压力值边缘化；其次通过应用迭代优化方法，可长期保持高精度与可持续性。基于气压的方法情况整理如表 1-2 所列。

表 1-2 基于气压的楼层识别方法

作者	年份	层高	算法	精度	实时性	普适性
王佳[102]	2013	已知	垂直楼层判定方法	较高	一般	一般
Retscher[103]	2007	已知	气压公式	较高	高	低
Bai 等[104]	2013	已知	气压公式	较高	高	低

表 1-2(续)

作者	年份	层高	算法	精度	实时性	普适性
Xia 等[12]	2015	未知	异常值排除,偏移补偿	较高	一般	不高
Li 等[5]	2013	已知	气压公式,单双气压计	较高	高	不高
Yi 等[101]	2019	未知	相对压力图,压力对,应用迭代优化方法	接近 100%	不高	不高
Kim 等[95]	2017	未知	基于基准气压对比测量	高	较高	低
Xu 等[14]	2017	未知	贝叶斯网络推断,爬楼梯活动检测器	99.36%	一般	一般
Ruan 等[99]	2018	已知	“输入”算法获取初始楼层,气压和高度特征识别上下楼	85%以上	一般	一般
Yu 等[92]	2018	已知	动态气压楼层判别模型	较高	一般	不高

基于气压的方法目前存在较多的挑战,比如 Sadeghi[105] 在其博士论文中指出,基于气压进行楼层识别存在一些严重的问题,包括:① 随着时间的流逝,气压会随湿度、温度、天气条件等的变化而变化,不仅仅只存在与高差的关系;② 多数大面积多楼层室内环境由于空调系统的影响,可能会遇到很多气压噪声,这意味着仅依靠大气压力,某些区域可能会出现巨大误差;③ 设备多样性问题严重,不同品牌的智能手机的气压读数不同,甚至品牌和型号相同的设备气压读数也有很大差异。文献[106]中提出了气压计算高度的一些缺点,并调查了建筑物不同楼层不同气压传感器的测量值如何随时间变化,然后评估了这些结果,并提取了测量值和地面水平之间的模式。

1.2.3 基于惯性传感器与人体行为的楼层识别方法研究

电磁波传播过程中,遇到诸如墙壁、层板等物体时,会发生反射、衍射和散射等现象,RSSI 既受距离的影响,又受传输过程障碍物的影响[107-109],即容易发生多径效应,导致基于无线信号的楼层位置发生突变。因此,无线信号虽然普适性好,但其不稳定性给基于无线信号的楼层识别方法带来较大的挑战。此外,基于气压传感器的楼层识别方法也有诸多不方便之处,故基于惯性传感器与人体行为的楼层识别方法给室内定位领域带来了较大的优势。Ye 等[49] 和 Varshavsky 等[110] 提出的方法仅使用加速度传感器,无须获取建筑的高度，通过用户之间相遇的信息及用户轨迹，计算用户在任意两层楼之间乘电梯的时间或楼梯的阶梯数，并存入映射表作为参考。在线阶段根据用户的运动指标数据(如行进时间或行走阶梯数)，并参照映射表推断出目标的楼层位置。Woodman 等[111]利用智能手机中的计步器、建筑细节模型、粒子滤波器开展楼层识别。艾浩军等[60]针对楼层变化检测，利用智能终端微电子机械系统(Micro Electro Mechanical Systems，MEMS)传感器，提出了适应不同运动场景的融合感知方法。同时，该方法通过将计步探测(即行人每行走一步的计步)与每一步的气压差值结合完成楼层变化检测，具有一定的新颖性，但当行人在上下楼梯过程中出现静止或者极慢速度的活动状态时，可能会影响该方法的准确率。Moder 等[112]通过具有自适应步长估计的行人活动分类(Classification of Pepestrian Activities，PAC)实现楼梯检测，并通过卡尔曼滤波整合 WLAN 指纹的绝对高度信息与 PAC 计算的相对高度信息来估算出行人的实际高度，进而完成行人在多楼层环境中的高程估计。Zhang 等[113]提出一种利用智能手机的加速度传感器识别移动用户所在楼层的楼层识别系统，称为 FTrack 系统。该系统在调查阶段采用众包方式得到多个用户之间的相遇信息，获取从任意两层之间电梯的行驶时间或上下楼梯步数到楼层数的映射，在实测阶段通过对用户在多楼层环境中乘坐电梯的时间或上下楼梯的阶数与参考值匹配，同时结合初始值就能获取楼层位置。在 10 层楼的建筑中的测试表明，在试验 2 h 后，FTrack 系统的楼层识别准确率达 90%以上。Ofstad 等[114]利用安装在脚上的惯性测量装置(Inertial Measurement Unit，IMU)并基于惯性导航组件完成了上下楼过程，并与 Wi-Fi 信号完成多层楼中的室内定位。

1.2.4 基于多源信号混合的楼层识别方法研究

基于无线信号的楼层识别方法受限于无线信号的多径效应，以及所在多楼层环境的多样性；基于气压传感器的楼层识别方法不利于广泛普及应用；基于惯性传感器与人体行为的楼层识别方法具有较高精度的特点，但其只能计算相对高度或者相对楼层的位置信息。鉴于上述各类方法的特性，人们选择混合使用多种方法，以发挥出更好的楼层识别效果。混合楼层识别方法多种多样，除了混合定位以及无线信号、气压、惯性传感器方法之外，还有其他方法，包括地磁、视觉、全球移动通信系统(Global System for Mobile Communication，GSM)信号等，相应的介绍如下。

1.2.4.1 混合楼层识别方法

基于气压与 Wi-Fi 融合的方法较多。Liu 等[115]介绍了一种基于智能手机中的 WLAN 指纹和气压传感器特征的差分气压法来识别楼层，通过使用基站和移动站的气压数据识别高度差，进而判定楼层，楼层识别效果较好，但气压基站不利于普及应用。Gupta 等[116]提出了一种基于 Wi-Fi 接入点的楼层估计位置与压力传感器测量值相结合的方法，首先利用多层无线信号传播模型并结合最大似然估计算法确定目标所在楼层位置，然后结合所在测试场的 AP 可用性，选择性地与气压传感器融合进行楼层判定，楼层平均误差检测率为 0.37%，准确率较高，但基于 Wi-Fi 的方法需获取 AP 的布设位置，应用于实际场景有一定的难度。陈岳燊[117]结合基于层次聚类的 Wi-Fi 信号与基于气压方法进行楼层识别。Jaworski 等[118]通过在每个楼层设置垂直过渡区域（Vertical Transition Area，VTA），将粒子在此区域的运动方式设置为可垂直移动，并结合由气压数据演化来的垂直步长值添加到每个粒子的垂直位置，最终通过使用 VTA 信息实现粒子的新分布从而实现 3D 定位。Haque 等[119]提出了一种融合气压测高与 Wi-Fi 信号 RSSI 测量的楼层识别理论框架，该框架涉及一种新颖的蒙特卡洛贝叶斯推理算法，用于处理 RSSI 测量，然后使用卡尔曼滤波器方案与气压测高法融合，最终实现了 99%的楼层识别精度。Elbakly 等[44]提出的楼层识别方法将气压传感器和 Wi-Fi 接入点组合到一个概率框架中，同时结合了离散的马尔可夫定位算法，其中运动模型基于气压数据检测到垂直过渡，观察模型基于监听到的 Wi-Fi 接入点（AP），以找到最可能的楼层位置，并在多个测试场实现了分别为 93%、92%和 77%的楼层识别精度。Ye 等[120]提出了一种利用气压计训练 RSSI 指纹楼层地图的两阶段聚类方法，该方法包括基于气压计的分层聚类阶段和基于 Wi-Fi 的 *K*-means 聚类阶段，其中气压数据使用众包方式采集。实际评估显示，当配备气压传感器的智能手机占总数的 12%时，BarFi 可获得令人满意的性能，即其准确率达到 96.3%。Huang 等[67]提出了一种多模式融合地板定位架构，此架构使用包括 XGBoost 的基于 Wi-Fi 的楼层识别（BWFP）方法、使用 HMM 的基于气压的楼层识别（BPFP）的 BWFP 增强，以及运动检测共同完成楼层识别，并在 4 个复杂的室内环境中进行了验证，结果表明楼层识别精度可达 99.2%，在 2 s 内切换延迟的概率超过 90%。该方法参数较多，计算过程复杂，算法之间切换频繁，不利于更多复杂的楼层切换情况。

在 Wi-Fi 结合活动识别的楼层识别方面，Sun 等[50]提出的方法与多数的指纹定位方法略有不同，通过对标有楼层号的参考位置指纹进行训练，在线阶段辨别楼层模型以最大化阶梯间散射和楼层识别由楼梯步行和电梯事件重新触发，并根据判别式的楼层模型进行楼层识别，最终在一栋 6 层的具有环形结构的建筑中达到了 94.3%的楼层识别准确率。Fetzer 等[121]通过结合使用气压计和加速度计读数的基于阈值的活动识别，可以对定位系统进行进一步更新，从而可以连续平滑地更换楼层。Ye 等[48]介绍了 F-Loc 系统，利用众包方式采集和手机感应，借助手机用户的 Wi-Fi 轨迹和加速度计读数，通过相关的集群处理技术，构建整个建筑物的 Wi-Fi 地图，并用于楼层识别，同时结合加速度计的活动识别算法识别用户上下电梯活动，进行楼层变更检测，在 10 层建筑中的楼层识别准确率超过 98%。

在 Wi-Fi 结合加速度计的楼层识别方面，Ramana 等[89]提出了一种基于 RSSI 和加速度传感器数据融合的楼层检测鲁棒方法。首先通过使用 RSSI 数据自动获取用户的初始楼层，然后利用加速度传感器的数据验证估计的楼层数。

在手机气压计结合加速度计方面，Ebner 等[122]提出了基于气压计信息的地面高程估计模型，并结合手机的加速度计，可以将检测到的垂直运动用于计算在楼上或楼下行走时的相对高度。Xu 等[14]提出了一种安装在腰部位置的基于双谱估计方法的爬楼梯活动检测器，利用检测器的输出统计着陆点数量，并通过气压计测量计算出高度变化，最后基于着陆点数量和高度变化值引入贝叶斯网络模型并推断行人的楼层变化，准确率达到了 99.36%。

多传感器混合的方法中，Li 等[123]提出了一种基于多传感器的 3D 室内定位方法，研究了基于 RSSI 轮廓的楼层检测方法，以增强基于 RSSI 的楼层检测，同时与气压计数据集成在一起，以获得更可靠的高度和气压计偏差估算；此外，通过扩展卡尔曼滤波将惯性传感器、磁力计和气压计的数据与 RSSI 集成在一起，最终提供了强大、平滑的楼层检测和 3D 定位解决方案。Gu 等[6]提出一种 ZeeFi 楼层识别系统，该系统在训练阶段用众包方式获取气压计读数，用光传感器和智能手机内置的全球导航卫星系统（Global Navigation Satellite System，GNSS）信号自动检测建筑物进入过程，从而实现楼层关联。在识别阶段将构建的指纹数据库下载到本地移动客户端，并通过将测量的 Wi-Fi RSSI与指纹库进行比较，进而获得用户的楼层位置，最后在一栋 8 层办公楼中的 7 层内验证的楼层识别精度为 98%。Zhao 等[124]提出了一种基于地磁和智能手机中多个传感器的协作方法以实现楼层识别。该方法由指纹库的构建与楼层识别两个阶段组成：前一阶段使用磁力计、加速度计和陀螺仪数据构建指纹；后一阶段通过多个智能传感器和机器学习分类器（识别用户活动模式）的协作完成主动识别，然后使用磁数据映射、欧几里得最近似和多数原理完成楼层识别。

混合楼层识别方法相应指标对比情况见表 1-3。

表 1-3 混合楼层识别方法

作者	年份	传感器/信号	混合方式	试验区域	楼层	采样方式	AP 布设	层高	算法	精度	实时性	普适性
Moder 等[112]	2014	Wi-Fi、惯性传感器	卡尔曼滤波融合	办公楼	2	定点采集	无	无	楼梯检测	较好	低	一般
朱金鑫等[125]	2017	惯性传感器、气压传感器	逻辑判断	办公楼	5	无	无	已知	步伐检测，气压高程公式	较高	低	一般
叶海波[126]	2016	气压、地磁、蓝牙等	逻辑融合	教学楼	未知	群智感知	无	未知	动态时间规整(DTW)算法等	96%	低	一般
周牧等[127]	2017	气压传感器、运动传感器	松耦合	实验楼	2	实时	无	已知	气压高程公式	高	低	一般
Del Peral-Rosado 等[90]	2015	GNSS、惯性传感器、气压传感器和长期演进(LTE)信号		二层建筑	2	无	无	无	LTE 异构网络	67%，较低	一般	低
Zhao 等[87]	2017	Wi-Fi、气压传感器	松耦合	实验楼	8	定点采集	未知	无	气压指纹，信号楼层概率	96.10%	一般	一般
Lohan 等[88]	2015	Wi-Fi+蓝牙	无	办公楼	4	无	已知	无	楼层损耗模型	一般	较高	低
Gupta 等[116]	2014	Wi-Fi+气压传感器	松耦合、逻辑融合	多建筑测试	≥2	5 m 间隔，定点采集	已知	无	最大似然估计	99%	一般	不高
艾浩军等[60]	2015	Wi-Fi、MEMS 传感器、气压传感器	松耦合、方式融合	实验楼	4	301 个，定点采集	51 个位置，未知	无	加权 K 近邻算法和神经网络	99%(判决)；97%(切换)	一般	不高
李珊[128]	2016	惯性传感器、光感计等	松耦合	办公楼	7	未知	无	无	楼层与行动数据映射表，磁场位置匹配	较高	低	不高

表 1-3(续)

作者	年份	传感器/信号	混合方式	试验区域	楼层	采样方式	AP 布设	层高	算法	精度	实时性	普适性
王玮等[129]	2017	气压-温度传感器、惯性传感器、地图	松耦合	科研楼	9	无	无	已知	差分气压测高,PDR,地图匹配楼层切换	提升了 67.2%	低	不高
陈岳燊[117]	2016	Wi-Fi、气压传感器	混合指纹库	教学楼/图书馆	6/9 层	众包采集	未知	未知	*K*-means 聚类	>96%	低	较高
Chai 等[130]	2012	惯性测量单元、Wi-Fi、气压传感器	自适应卡尔曼滤波融合	教学楼(42 m×37 m)	2	定点采集	50%未知	未知	AKF 滤波融合	优化	一般	低
Ascher 等[131]	2012	地图、惯性传感器、气压传感器等	松耦合	化学工厂楼	6	无	无	无	地图匹配算法	较高	低	低
冯峰[132]	2018	惯性传感器、Wi-Fi、气压传感器	松耦合	宿舍楼	2	定点采集	未知	已知	无迹卡尔曼滤波	较高	一般	一般
卢彦霖等[133]	2018	Wi-Fi、气压传感器	松耦合	小区域实验楼	3	定点采集	已知	未知	*K*-means 聚类,气压指纹库	较高	一般	一般
Campos 等[73]	2014	Wi-Fi+地图	松耦合	学校综合楼	13	924 个,电脑各采集 200 s	未知	无	*K*-medians 聚类,ANNs,多数投票	91%~97%	高	不高
Jaworski 等[118]	2017	Wi-Fi、气压传感器、地标	松耦合	办公楼	未知	定点采集	无	已知	结合垂直过渡区域与粒子滤波	较高	一般	一般
Li 等[123]	2018	Wi-Fi、气压传感器、惯性传感器、磁力传感器	松耦合	办公楼	未知	无	无	无	基于 RSSI 轮廓,扩展卡尔曼滤波	高	较高	较低

1.2.4.2 基于其他信号的楼层识别

除了无线信号、气压和智能手机惯性传感器之外，还有其他信号数据可以进行楼层识别，主要有地磁、视觉等信号。但基于这类信号的楼层识别方法较少，主要有如下几种。

基于地磁的楼层识别方法：鉴于多楼层环境中不同的位置有不同的磁场强度，Zhao 等[124]利用磁数据映射、欧几里得最近似和多数原理执行楼层定位。李珊[128]利用用户的移动性获取移动状态序列，再结合磁场指纹位置并采用最近邻算法进行匹配以获取准确的位置，包括楼层位置(由于所需序列数据无法体现电梯环境的楼层位置，故文中未涉及楼梯间位置)。Ashraf[134]通过朴素贝叶斯分类器算法识别出在用户正常行走、通话监听和电话摇摆的活动类别后，使用 5 s 的智能手机磁传感器数据与离线阶段建立的磁模式数据库匹配，进而识别出多层建筑物中的楼层。Abrudan[135]指出磁感应场的稳健运行面临许多挑战，文中采用跨越多个系统层的信号处理和传感器融合来克服变形位置。即便如此，磁场指纹还是不能适用于所有建筑物。陈立建等[136]使用地磁数据辅助实现三维定位。

基于视觉的楼层识别方法：Yan 等[137]提出并开发了一种 3-D 被动视觉辅助 PDR 系统，该系统使用多个监视摄像机和基于智能手机的 PDR，通过结合惯性导航和基于更快的区域卷积神经网络(Fast R-CNN)的实时行人检测功能，并利用现有的摄像头位置和嵌入式气压计来连续跟踪用户在不同楼层的运动，进而实现楼层识别。

基于 GNSS 等信号的楼层识别方法：Del Peral-Rosado 等[90]结合 GNSS、气压传感器和 LTE 多种信号的异构网络开展楼层检测，初始默认楼层位置为 1 层。该方法虽然在信号选择方面有别于其他方法，但在实现过程需额外配备信号采集设备，不具备普适性。

基于 GSM 的楼层识别方法：SkyLoc 系统[110]使用 GSM 指纹来定位用户的楼层。定位用户楼层时，其准确率达到了 73%，在两个楼层中的准确率达到了 95%。但是 GSM 信号在室内环境中变化很大，从而限制了该系统的定位准确性。

总之，楼层识别部分的研究主要涉及楼层方面的定位情况，在室内空间，垂直维度方面除楼层识别外，高程估计方法同样可以定位目标用户在室内环境中的垂直位置。

1.2.5 基于室内高程估计的方法研究

高程估计方法中，多数是基于气压、惯性传感器等，其中，Sabatini 等[138]研发了一种可以实现垂直定位的传感器融合方法，通过中间过程垂直线性加速度和测得的压力高度驱动的互补滤波器产生高度和垂直方向速度的估计值，可检测出人体垂直运动速度均方根误差（RMSE）在0.04～0.24 m/s的范围内，高度RMSE在5～68 cm的范围内。Son等[139]提出了一种新的融合方法来估计气压计-IMU系统的垂直速度和高度，该方法通过在线校准加速度计误差来消除系统的初始化过程，扩展卡尔曼滤波器（Extended Kalman Filter，EKT）跟踪每个加速度计的偏差和比例误差，同时估算出垂直速度和高度。Lee[140]研究了一种IMU-气压计积分方法，用于估计垂直位置以及垂直速度，特别提出了一种新的两步卡尔曼/互补滤波器，用于使用6轴IMU和气压计信号进行准确而有效的估计，该方法的平均估计误差为19.7 cm。Yang等[141]提出了一种集成了MEMS-IMU和气压计的高度差信息辅助气压计（HDIB）算法，以具有更好的高程估计效果。HDIB的第一阶段是区分地面、楼上、楼下，第二阶段是使用从第一阶段获得的参考大气压力来计算高度，经试验验证，高程估计误差为0～2.35 m。Pipelidis等[142]从智能手机传感器中提取数据，并通过气压公式估算室内的海拔高度，用机器学习技术的组合计算每个楼层的高度数据，并实现了自动绘制建筑物内部垂直特征的功能。Munoz等[143]提出了一种基于脚步动力学的高度校正方法，该方法介绍了水平面和楼梯的标识，并将垂直定位精度提高到了85%。Bolianakis[144]基于气压测高方法获取并计算高度数据。Rantanen等[145]研究了使用声呐测量估计垂直高度的方法，以作为无基础设施导航的参考替代方法。气压计和声呐的融合平均实现了0.46 m的RMSE，而简单的气压高程估计的RMSE为0.65 m。Luo等[146]提出了一种基于卡尔曼滤波和地板变化检测（FCD）算法的高度位移测量方法，已将2D定位扩展至3D定位。首先使用卡尔曼滤波器融合气压计和加速度计的数据，然后使用FCD算法来评估和修改卡尔曼滤波器的输出高度，评估地板变化状态并保持稳定高度。Rodrigues[147]在GNSS系统和气压传感器的基础上，结合大气压力和温度的预测数据，探索出了一套旨在提高高程精度的方法，该方法将GNSS接收器的高程估计与从大气压力和高度之间的关系得出的高程估计相结合，能够准确地确定室外和室内环境中的高程。Zhou等[148]提出了使用气压计和地理位置信息来实现目标高程估计的方法，试验结果表明，在室内多层环境中，该方法实现的垂直定位均方值（RMS）小于0.35 m。Bollmeyer等[149]提出了一个集成框架，在智能手机上使用气压计来估计室内和室外场景中的海拔高度，在具有不同地理特征的室内和室外进行的试验表明，系统可以提供的高度误差在90%的情况下小于5 m，在75%的情况下小于3 m。

1.2.6　基于智能手机惯性传感器的 HAR 算法研究

楼层识别和高程估计方法中，HAR 方法发挥了很大的作用。Bao 等[150]提出了比较经典的 HAR 方法，完成了对 5 名试验人员在多处智能手机放置位置的 20 种人体日常活动的识别。刘斌等[151]通过智能手机的三维加速度和陀螺仪传感器信息来提取人体活动的特征向量，并选择 4 种典型的统计学习方法（包括 k-近邻法、SVM、朴素贝叶斯和基于朴素贝叶斯网络的 AdaBoost 算法等）创建人体活动的识别模型，并利用模型开展人体活动识别，最终取得包括上楼、下楼活动在内的 92%的识别准确率；文中提出了基于智能手机三维传感器数据的 HAR 方法的流程与算法步骤，还对比了 3 种活动特征向量对不同特征的分类效果，分析结果显示特征向量的选择对分类结果的影响很大。李丹等[152]设计了一种基于加速度曲线形状特征的人体日常体力活动识别系统，除包括上楼、下楼、步行在内的日常活动识别之外，还对惯性测量设备的不同放置位置进行了识别，最后达到在 3 个不同放置位置下均超过 94.6%的识别精度。孙泽浩[153]较为全面地提出了基于手机和可穿戴设备的用户活动识别的相关问题。刘宇等[154]提出了一种基于加速度时域特征的行为模式识别算法，文中提出，由于频域特征需要大量的计算，故频域特征不适用于智能手机上的实时识别；同时提出了基于神经网络模型的包括上楼、下楼和步行活动在内的分类试验，结果表明上下楼行为模式的识别精度均在 80%以上。路永乐等[155]提出一种基于 MEMS 惯性传感器的人体多运动模式识别算法，并采用加速度传感器的时域特征作为分层识别算法和 SVM 分类算法的模式识别特征，最终完成了 94%以上的包括上楼、下楼、行走等活动在内的识别精度。武东辉[156]提出利用惯性传感器可识别人体日常动作并可实时监测人们的日常活动状况，并对活动识别分类方法的各阶段进行了比较全面的分析。司玉仕[157]采用将 PCA 方法和穷举法相结合的方式寻找最优特征子集，并对包括行走、上楼、下楼在内的 6 种动作进行了有效识别，识别率高达 96%。Preece、洪俊、Davies 等[158-160]已经证明了最优特征子集的寻找是一个非确定性多项式（Nondeterministic Polynomially，NP）问题，除了使用穷举搜索方法外，其他方法是不能找到最优子集的。Lara 等[161]概述了基于可穿戴传感器的 HAR 的最新技术，根据学习方法（监督或半监督）和响应时间（离线或在线）提出了两级分类法，并对多个系统进行了定性评估。此外，还有大量的国外文献对活动识别进行了各项研究[162-164]。

室内环境相对于室外环境是封闭的，特别是在冬季，空调会增加室内环境的温度，将会引起关闭门窗环境中的气压变化[165]，另外空气流动对大气压力有一定影响，因此，基于气压计的楼层识别方法将受限。因此，本书重点考虑基于无线信号和智能手机传感器数据开展楼层识别与高程估计方面的研究。

1.2.7 存在问题分析

尽管现有基于室内楼层识别与高程估计方法的研究已较多并取得了一定的进展，但是基于室内定位范畴下的楼层识别与高程估计及楼层变更检测技术仍有一些问题亟待解决或完善，主要问题如下：

(1) 多楼建筑内结构复杂，且不同建筑内部结构不同，不同楼层之间的AP布设密度稀疏不一，导致无线信号的空间分布特性在不同空间结构和AP布设条件中具有较大差别，给基于无线信号的楼层识别方法带来较大挑战，现有的方法在普适性、高精度等方面亟待提升。

(2) 中庭空间、低层高等结构的多层建筑中，相邻楼层的无线信号相似度较高，或者气压差较小，使得基于无线信号和气压的楼层识别方法在此类环境下效果不理想，对当前基于无线信号和气压的楼层识别方法带来较大挑战。

(3) 多径效应导致无线信号波动性较大，使得基于无线信号的楼层识别方法稳定性不高，因此需要考虑与稳定性较高的楼层识别方法融合，共同实现稳定性、高精度与普适性的楼层识别效果。

(4) 现有基于行人活动分类的楼层变更检测方法中，多数方法通过匹配或阈值方式判断行人是否完成楼层切换，实时性不高；对上下楼过程中的静止或者往返运动缺乏考虑或容易发生错判等，在实时性、容错性和鲁棒性等方面仍需提升。

(5) 气压易受室内温湿度等环境因素影响发生变化，智能手机气压传感器噪声波动性大，对亚米级的高差反应不敏感等，导致基于气压的高程估计方法精度不够，难以实现亚米级的高程估计。

1.3 主要研究内容

针对室内楼层识别与高程估计研究现状、存在问题及应用需求，依托国家重点研发计划课题“室内混合智能定位技术”(2016YFB0502102)，结合统计学习、概率统计、最优化理论、数据分析和机器学习分类算法等方法，基于Wi-Fi/蓝牙无线信号和智能手机传感器，围绕高精度、普适性、实时稳定性的室内楼层识别与高程估计展开研究，主要研究内容包括：

(1) 基于无线信号楼层识别方法原理将多楼层室内空间结构进行了分类与介绍。针对无线信号楼层识别方法在不同空间结构中普适性不高的问题,深入分析了不同空间结构下的无线信号空间分布特性。

(2) 针对全楼层层板结构,为进一步提升无线信号楼层识别方法对环境和AP布设条件的普适性和精度,对基于最优化理论和概率统计等算法的高精度的无线信号楼层识别算法展开研究;针对中庭空间结构,为解决现有无线信号楼层识别方法精度偏低的问题,对基于多信号特征自适应加权融合的无线信号楼层识别方法展开研究。

(3) 为有效解决气压识别楼层过程中终端校准困难、气压易随环境温湿度变化等普适性偏低的问题,对行人在上下楼、行走、电梯上下行、静止等活动时智能手机传感器数据的特点展开分析,利用数据分类特征开展基于SVM分类算法的行人活动分类研究。为解决楼层变更识别过程中容错率和实时性不够等问题,深入研究行人上下楼梯过程与楼梯结构之间的关联,对基于行人活动分类的楼层变更检测方案展开深入研究。

(4) 为提升无线信号楼层识别算法对不同空间结构的普适性,分析各种现实环境多楼层内部结构与场景信息,研究基于两种无线信号楼层算法的融合策略。同时,对基于无线信号和行人活动分类两种方法的有效融合展开研究,实现楼层识别的高精度和持续稳定性。

(5) 针对气压易随温湿度环境变化以及智能手机气压传感器对亚米级高程估计不敏感等问题,结合行人活动分类,深入分析了行人上下楼梯活动与楼梯台阶之间的关联,对基于行人活动分类的亚米级高程估计方法进行深入研究,以达到亚米级高程估计的目的。

1.4 章节安排和技术路线

全书共7章,技术路线和章节安排如图1-3所示。

第1章 绪论:阐述本书的研究背景和意义,介绍了当前国内外基于楼层识别和高程估计方法相关的研究现状,并据此进行对比分析,凝练室内楼层识别与高程估计研究中存在的问题,明确研究目标和内容。

第2章 多层空间结构分类与Wi-Fi/蓝牙的空间分布特性:基于无线信号的高普适性以及楼层识别方法的高需求,对多楼层内部结构进行了介绍,分析和研究了多楼层环境中不同空间结构下无线信号的空间分布特性,将多楼层空间结构进行了分类,便于后续对基于无线信号的楼层识别方法进行深入研究。

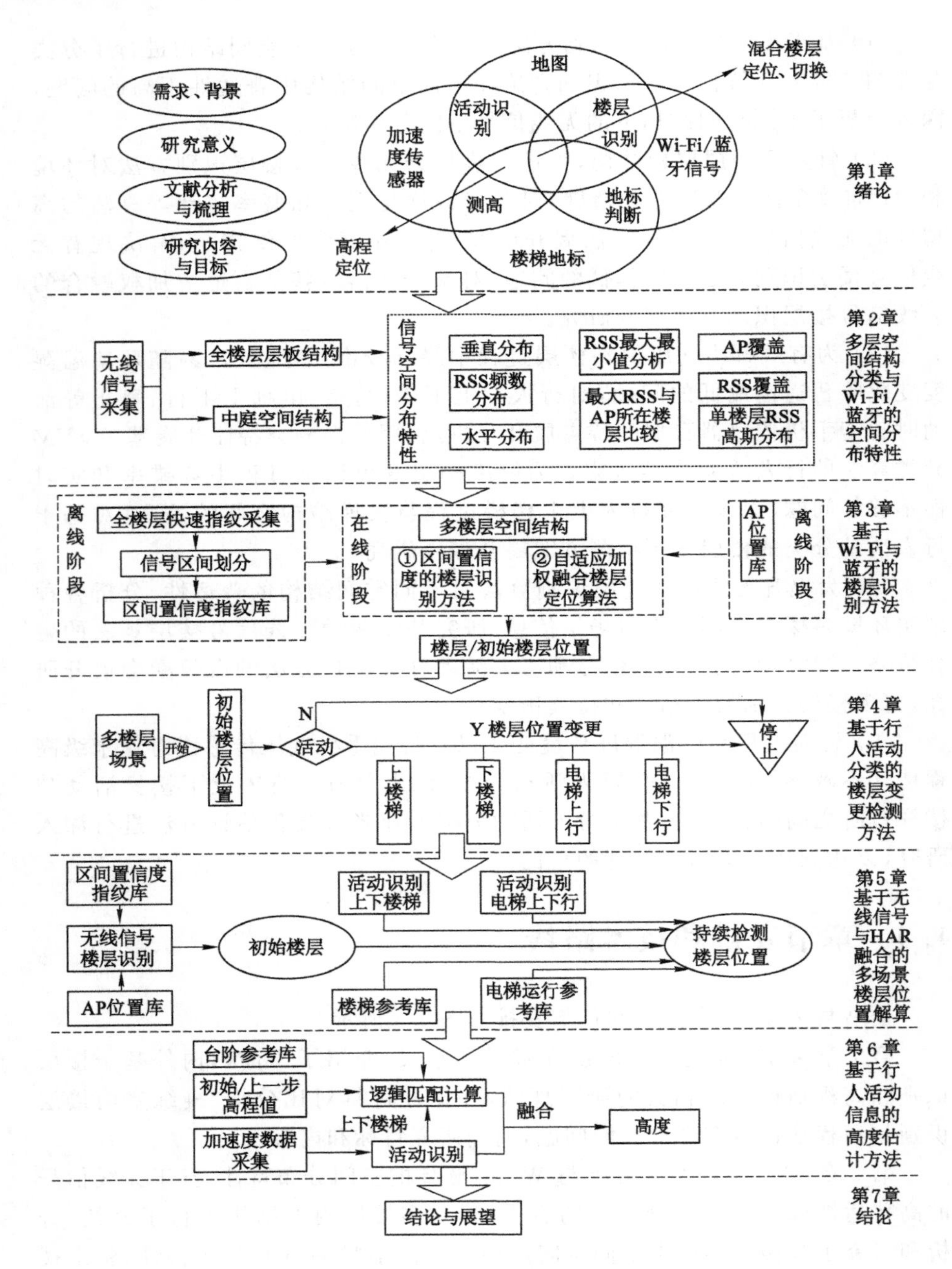

图 1-3　章节安排和技术路线

第 3 章 基于 Wi-Fi 与蓝牙的楼层识别方法：根据无线信号在不同空间结构中的空间分布特性，提出不同的楼层识别方法。针对全楼层层板结构提出了基于无线信号区间置信度楼层识别方法，针对中庭空间结构提出了基于无线信号自适应加权融合楼层识别方法，并对不同的楼层识别方法进行了试验对比与分析，验证了所提方法的有效性。

第 4 章 基于行人活动分类的楼层变更检测方法：针对智能手机传感器数据随行人运动的周期性规律，提取行人各运动周期的分类特征向量，并开展机器学习不同算法的分类训练，提出了基于 SVM 算法的高精度 HAR 分类方案。结合 HAR 结果以及行人发生楼层变更过程的关键地标信息，设计了基于行人活动类别的楼层变更检测方案，通过对多次更换楼层的运动过程进行验证，证明了楼层变更检测方案的有效性、高容错性和高精度。

第 5 章 基于无线信号与 HAR 融合的多场景楼层位置解算：针对现实多楼层环境的复杂性，提出基于不同内部空间结构中的无线信号楼层识别方法的融合方案，提出基于无线信号楼层识别与基于 HAR 的楼层变更检测方法的融合策略。作者采用无线信号获取初始楼层，并与多种楼层变更的运动结合实时跟踪楼层位置的方式，验证了融合策略的有效性。

第 6 章 基于行人活动信息的高程估计方法：利用智能手机气压传感器进行了高程估计相关的试验，针对气压估计高程精度较低的问题，提出了基于 HAR 与楼梯属性紧密结合的室内高程估计方案，可实现较高精度的室内高程估计，利用行人多种运动方式开展高程估计试验，验证了此方案的高精度高程估计性能。

第 7 章 结论：对本书的研究内容进行了总结与归纳。

第2章　多层空间结构分类与Wi-Fi/蓝牙的空间分布特性

在AP布设条件一定的情况下，基于无线信号的楼层识别对不同的室内空间结构普适性较低。针对这一问题，本章进一步对多楼层内部空间结构进行分类，划分为全楼层层板结构和中庭空间结构。利用无线信号指纹采集软件采集信号，结合不同空间结构的试验场，深入分析无线信号在不同空间结构中的空间分布特性。

2.1　无线信号采集及数据介绍

针对基于无线信号的楼层识别方法，首先需利用智能手机采集所在位置的无线信号指纹数据。无线信号采集软件与文献[42]中的相同，但采集方式选择定点采集与动态采集两种，可采集Wi-Fi和蓝牙两种无线信号，且可记录并保存指定时间段内用户所处或所经过位置的AP信息及每秒的RSSI遍历值，即可搜索到所有AP的MAC地址和RSSI列表等信息。采集软件与采集信号指纹数据实例如图2-1所示。

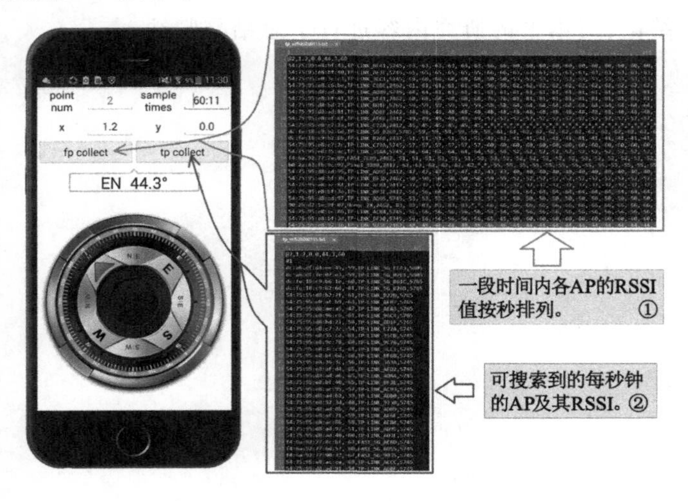

图2-1　采集软件与采集信号指纹数据实例

从图 2-1 中可以看到，该软件采集的无线信号指纹数据以两种格式显示，图中①对应的指纹格式是将一段时间内采集到的 AP 的 MAC 地址从上到下全部列出，在每个 MAC 地址后面是这段时间内搜集到的每一秒的 RSSI 值；②对应的指纹格式是一定时间段（如 30 s）内每秒钟的各 AP 的 MAC 地址与 RSSI 数据对，自上而下显示，按秒重复输出。

2.2　全楼层层板结构及无线信号的空间分布特性

2.2.1　全楼层层板结构

多楼层空间中的全楼层层板结构是指除了楼梯和电梯区域之外，其他区域均以楼层层板或者地板将相邻的楼层间隔开来。虽然不同多层建筑中的内部格局不同，但楼层与楼层之间的全楼层层板这一特征大同小异，此类结构使无线信号到达其他楼层时会产生较明显的衰减。具有全楼层层板结构的多层建筑示意图如图 2-2 所示。

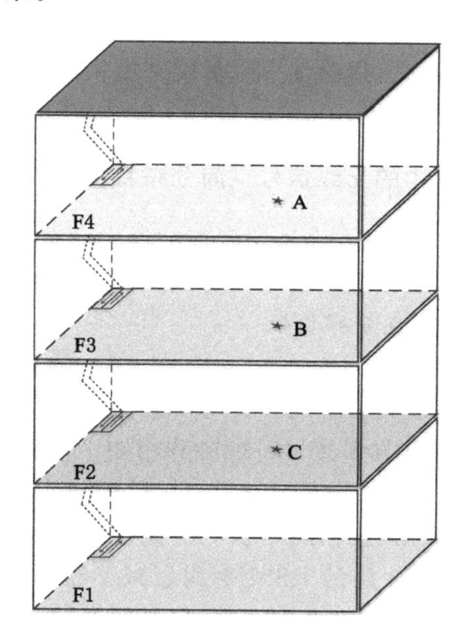

图 2-2　具有全楼层层板结构的多层建筑示意图

2.2.2 全楼层层板试验场介绍

此类结构的多楼层建筑非常普遍，在居民楼、办公楼、医院等场所分布广泛。全楼层层板结构的多楼层试验场环境如图 2-3 所示，该图是中国矿业大学环境与测绘学院办公楼（环测楼）整栋建筑的外观，及其中的 F4 层和地下一层（B1 层）的内部格局。该建筑由 B1 层停车场（位于 A、B 区的地面之下）及地上的 F1～F5 五层楼组成，该试验场地面以上的建筑呈长条不规则形状，每层楼平面面积约为 3 000 m^2。每层楼的建筑格局基本相同，只有个别区域不同，比如在 F1 层入口是办公楼大厅，而其他层没有；F2、F3 层在 A、B 区的另一端比其他层多一段通道，F2 层通道两侧是玻璃墙，F3 层为露天；F5 层 A、B 区的通道为露天，其他层玻璃墙封闭等。

试验场 AP 的布设情况大致如下：AP 总数有 460 多个，品牌、发射功率、新旧程度均不同。其中，近 90 个 AP 为室内定位、楼层识别试验专门布设，包括 F4 层走廊 60 个、F1 层大厅 12 个及 B1 层停车场 15 个；约 280 个为办公 AP，安装位置未知，通过对各楼层的 RSSI 分布特性分析大体可推断出 F4、F5 层的 AP 数量多于其他楼层。工作室、办公室主要分布在 F4、F5 层，器材室、实验室主要分布在其他楼层。总之，试验场 AP 布设密度稀疏不一、安装位置不定，试验场接近真实多楼层办公环境。

2.2.3 全楼层层板结构中的无线信号空间分布特性

以 Wi-Fi 信号为例分析其在全楼层层板结构中的空间分布特性，从垂直和水平两个维度展开分析，全楼层层板结构的试验场选择图 2-3 中的环测楼。

2.2.3.1 Wi-Fi 信号的垂直分布特性

AP 的信号强度每间隔一层楼会产生约 20 dBm 的衰减[48]，随着间隔楼层数的增加，信号衰减的幅度将会减弱。针对安装在 F4 层的 AP，分别在 F2～F4 层的相同位置（如图 2-2 中的 A、B、C 三点）利用图 2-1 中方式①定点采集了约 100 s 的信号数据，F4 层的 AP 分别在 F2～F4 层相同位置的信号情况如图 2-4 所示。从图 2-4 中可以看出，在相同的水平位置，F3 层比 F4 层的 RSSI 平均衰减了约 25 dBm，F2 层比 F3 层的 RSSI 平均衰减了约 10 dBm。也就是说，AP 布设的相邻楼层无线信号会有大幅度衰减，信号的衰减程度随着间隔楼层数的增加逐渐越小。

2.2.3.2 相同楼层 AP 的 RSSI 最大值与最小值

同一楼层内，AP 的 RSSI 范围与室内面积有关。在长约 200 m 的室内走廊采集了 150 多个 AP 的 RSSI 值，并统计出在某一楼层各 AP 的 RSSI 最大值和

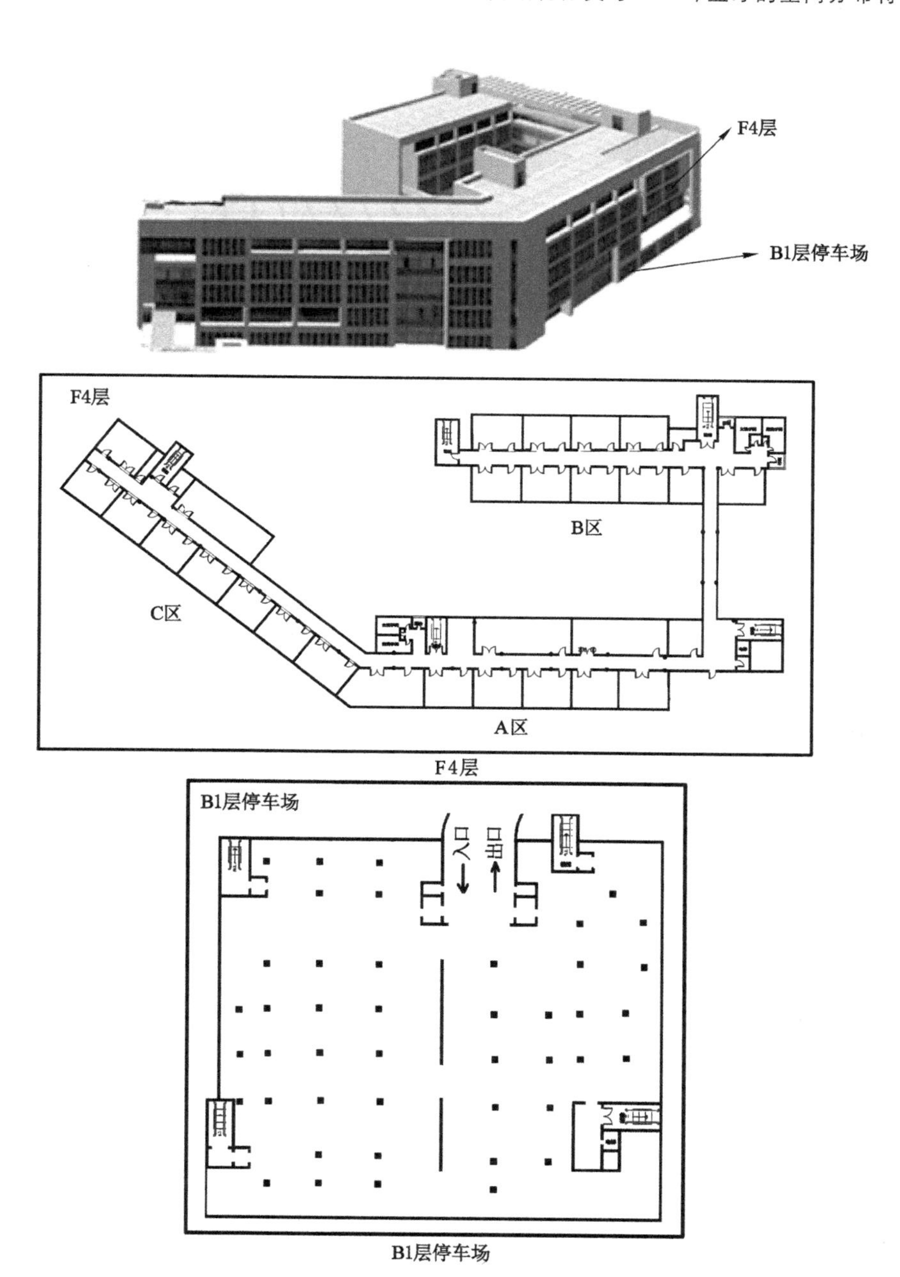

图 2-3　全楼层层板结构的多楼层试验场环境

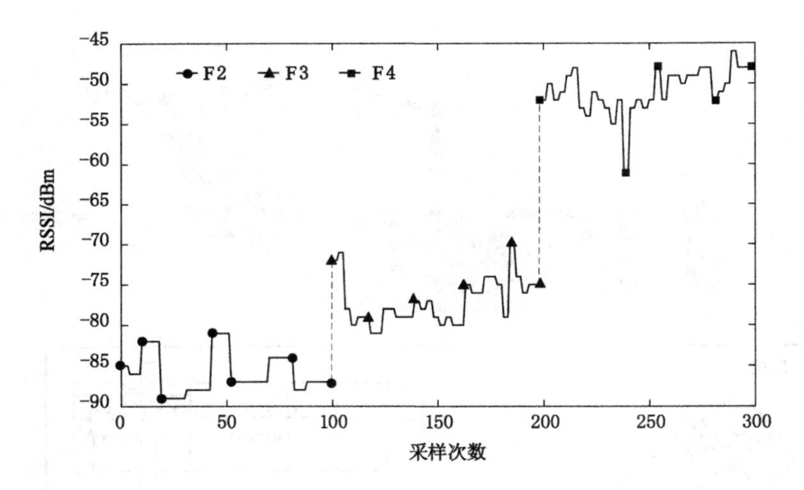

图 2-4　F4 层的 AP 分别在 F2～F4 层相同位置的信号情况

最小值分布，具体数据见图 2-5。从图 2-5 中可以看出，在面积较大、结构不规则、室内环境复杂的单楼层环境中，全部 AP 的平均 RSSI 最大、最小值差将近 40 dBm。可见，在大面积多楼层室内，相同 AP 的 RSSI 信号区间跨度较大，因此选择单一的信号值难以概括 AP 在单楼层内的信号特征。鉴于此，可考虑用 RSSI 在各楼层信号区间的分布作为特征值辅助楼层识别。

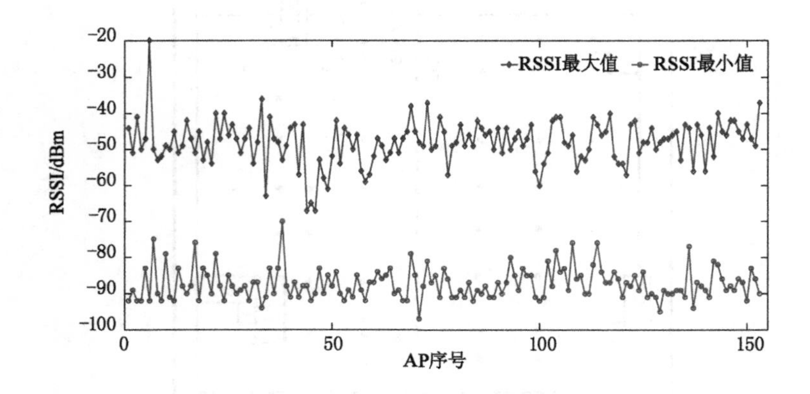

图 2-5　单层楼室内各 AP 的 RSSI 最大值与最小值情况

2.2.3.3　大面积多楼层室内环境的信号分布情况

为进一步分析大面积多楼层室内环境下的无线信号分布特性，在多个楼层沿 200 m 的室内走廊缓慢行走时，以 1 Hz 的采集频率采集信号，将信号数据按楼层、RSSI 及频数进行分类汇总，生成的统计结果如图 2-6 和图 2-7 所示。其中，图 2-6 表示在 F4 层采集到的所有 AP 的 RSSI 与频数的分布情况，图 2-7 表示针对 F4 层的 AP(因为 F4 层 AP 布设最多)，其 RSSI 及频数分别在 F1～F5 层的分布情况。从图 2-6 中可以看出：单楼层内所有 AP 的 RSSI 取值范围大且各 RSSI 对应的频数不同，即概率密度也不同；由于楼层面积较大且 Wi-Fi 信号传输距离较远，导致频数较多的 RSSI 集中在[−90,−84]的弱信号区间。从图 2-7 中可以看出：大部分 AP 的信号可穿透 F3 层，少数 AP 的信号可到达 F3 层以外；且针对同一批 AP 来说，相同 RSSI 在不同楼层的频数不同，归属概率(即置信度)也不同。考虑到 Wi-Fi 信号的不稳定性，采用各 AP 的 RSSI 区间而非 RSSI 离散值的概率作为楼层识别的特征值进行匹配运算，可提升方法的鲁棒性。

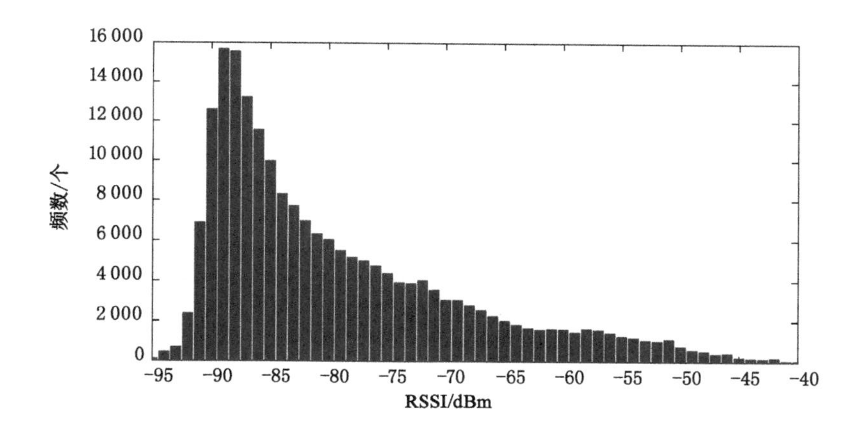

图 2-6　单楼层所有 AP 的 RSSI 频数分布

为更形象地体现 Wi-Fi 信号在不同楼层的信号分布特性，在图 2-7 中选择信号穿越楼层数较多的某个 AP 的信号数据展开深入分析。将该 AP 在各楼层的 RSSI 进行高斯分布拟合，结果见图 2-8。从图 2-8 中数据可更直观地看出：采集位置与 AP 所在楼层间隔越远，接收到的信号越弱，相应 RSSI 的概率分布曲线越平缓。除了个别交叉点之外，相同 RSSI 归属于各楼层的概率不同，即置信度不同，因此可以考虑将不同 AP 的 RSSI 在各楼层的置信度作为特征值进行楼层识别。

综上，从 AP 的信号在大面积复杂多楼层环境中的空间分布特性可以看

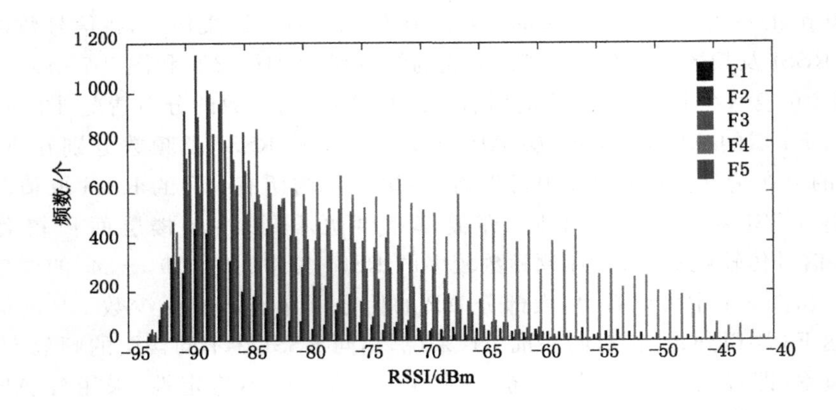

图 2-7　F4 层 AP 分别在 F1～F5 层的 RSSI 频数分布

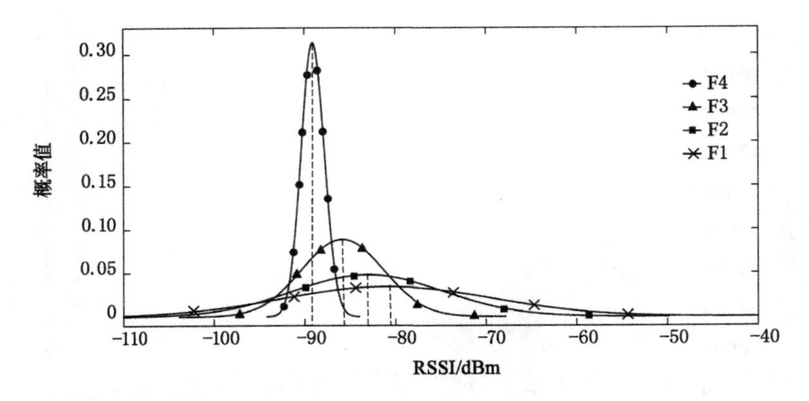

图 2-8　某 AP 分别在 F1～F4 层的 RSSI 高斯分布拟合结果

出：Wi-Fi 信号在室内的传输距离较远，信号可覆盖至单层楼的大多数区域，同时可到达多个楼层。选择将各 AP 在多个楼层的 RSSI 区间置信度作为特征值，进而构建能代表所有 AP 信号特征的楼层区间置信度指纹库，此信号特征可为基于信号区间置信度的楼层识别方法奠定坚实的理论基础。

2.3　中庭空间楼层结构及无线信号的空间分布特性

2.3.1　具有中庭空间的多楼层室内结构

中庭空间是建筑中由上、下楼层贯通而形成的一种共享空间，室内场景如

图 2-9 所示。

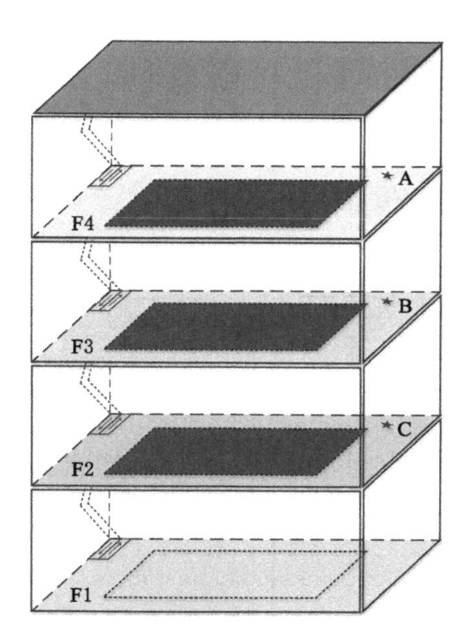

图 2-9　具有中庭空间的多楼层室内结构示意图

目前此类建筑非常普遍，以徐州市为例，在徐州市第一人民医院门诊楼[图 2-10(a)]、万达广场[图 2-10(b)]、升辉国际家居广场[图 2-10(c)]、苏宁广场、三胞国际购物广场、颐和汇邻湾商场等多楼层内部均具有中庭空间结构，简称中空结构。

(a) 医院门诊大厅

(b) 万达广场

(b) 家居广场

图 2-10　具有中庭空间的多楼层室内场景

2.3.2　中庭空间试验场介绍

2.3.2.1　中庭空间 C7 试验场

C7 试验场位于石家庄市某国家重点实验室。该试验场有三层，不等高，内部为典型的中庭空间结构，每层楼长约 28 m、宽约 25 m，占地面积约 700 m²。该试验场中布设了多种专门用于室内定位研究等方面的设备与装置，包括蓝牙、Wi-Fi、摄像头、伪卫星基站等。C7 试验场环境与蓝牙布设如图 2-11 所示，图中的小三角形表示蓝牙的布设位置，蓝牙采用云里物里研发的 E5 定位型低成本 iBeacon，售价为 45 元/个。在试验场的 F1～F3 层分别布设了 18、18、21 个蓝牙和 26、30、20 个 Wi-Fi。

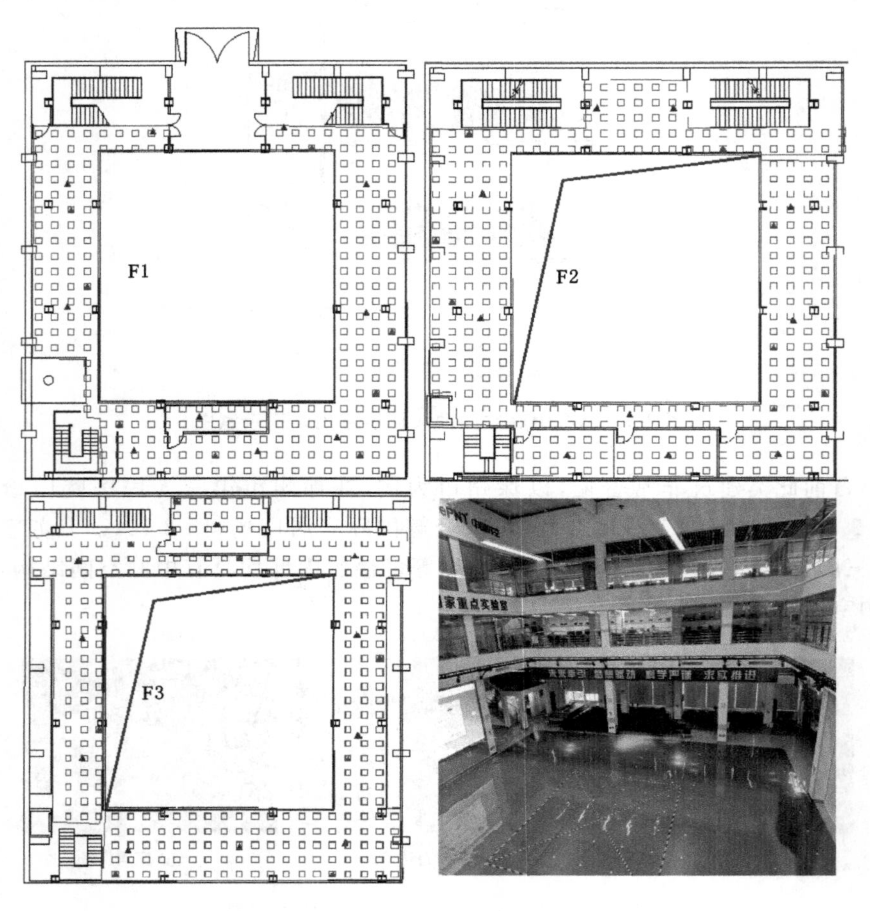

图 2-11　C7 试验场环境与蓝牙布设

2.3.2.2　中庭空间试验场——资源楼、行政楼

为验证不同方法在多个具有中庭空间结构的楼层识别性能，除 C7 试验场外，选择另外 2 栋具有此类空间结构的多楼层建筑，均位于中国矿业大学校内，分别是资源楼（简称 L1）与行政楼（简称 L2），内部空间结构如图 2-12 所示。两

栋建筑不是专门的室内定位试验场地，没有额外的 AP 布设，是正式的办公场所。虽然都具有中庭空间，但 AP 的布设情况未知，有足够的 Wi-Fi 布设，但 BLE 缺失严重。

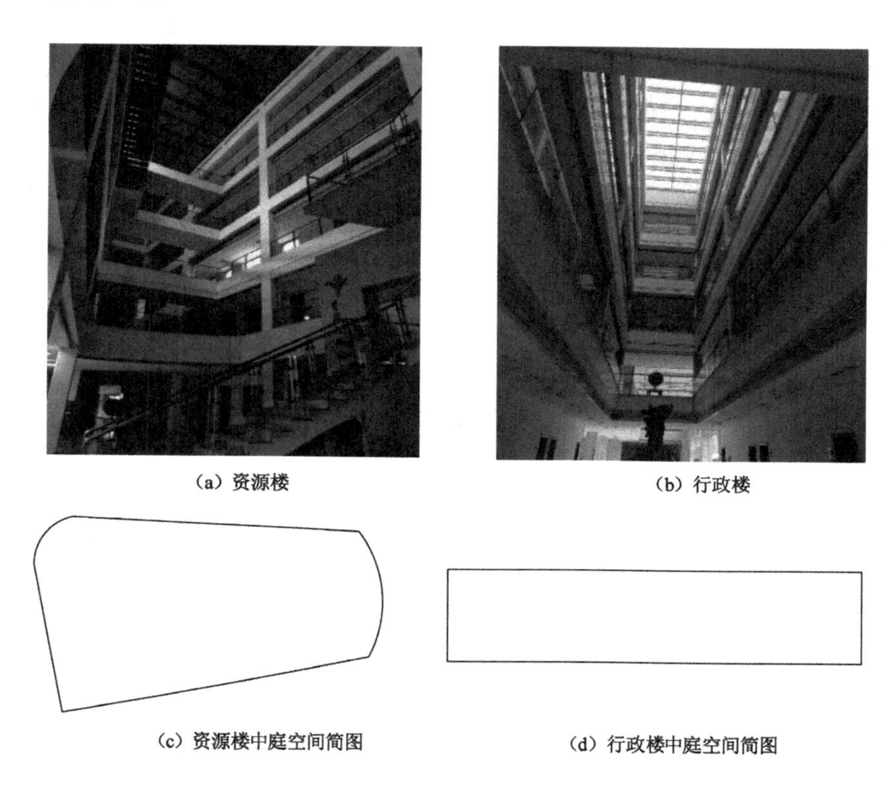

(a) 资源楼　(b) 行政楼

(c) 资源楼中庭空间简图　(d) 行政楼中庭空间简图

图 2-12　中庭空间试验场资源楼与行政楼

2.3.3　中庭空间结构的多楼层室内无线信号空间分布特性

无线信号在不同格局的室内多楼层环境中传播特性不同[56,75,108]，在中庭区域因缺少楼层板对信号的遮挡，使得信号衰减程度大幅减弱。因此，多数基于无线信号的楼层识别方法在此类环境中的效果很可能会变差。故需要针对具有中庭空间的室内结构，进一步分析无线信号在其中的空间分布特性。本书选择图 2-11 的 C7 试验场和 Wi-Fi、BLE 无线信号开展分析。

2.3.3.1　Wi-Fi/BLE 信号在各测试点的信号分布情况

具有中庭空间的室内多楼层环境中，Wi-Fi 和 BLE 信号衰减程度小，会导致相邻楼层的无线信号具有更高的相似性。利用如下数据分别采集 Wi-Fi/

BLE 信号：在各楼层指定的所有测试点静止 5 s 采集指纹数据，缓慢行走时以 1 Hz 频率在各楼层采集动态测试库，及获取 AP 的楼层位置数据。将各楼层 AP 分别在 F1～F3 层各测试点处的信号分布情况进行整理，5 s 内 Wi-Fi/BLE 静止信号分布如图 2-13 所示，而 1 s 内 BLE 实时动态信号分布如图 2-14 所示。选择两种状态下的信号特征进行展示，可体现无线信号波动性较大的特点，5 s 信号比 1 s 信号数据分布更密，信号特征更加明显和稳定，1 s 信号可体现行人在实时动态状态下的信号特性。图 2-13、图 2-14 均以二维表形式展现，图中三个区域分别代表 F1～F3 层不同 Wi-Fi/BLE 的 AP 或测试点(Test Point，TP)，数据部分以灰色渐变形式展示了信号的强弱，颜色越深，信号越强；从左至右代表不同 RSSI 范围。此外，图 2-13 中测试点共 67 个，其中 F1 层 30 个，F2 层 19 个，F3 层 18 个；而图 2-14 中测试点共 275 个，其中 F1 层 90 个，F2 层 95 个，F3 层 90 个。

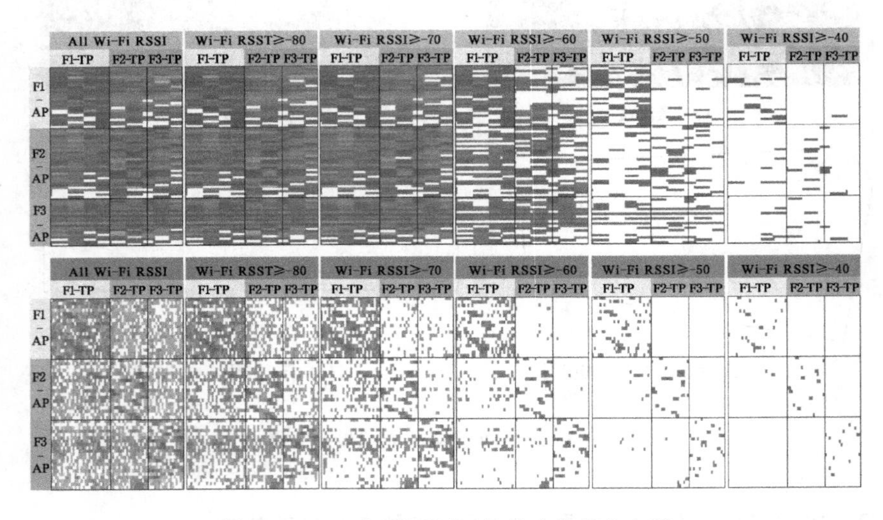

图 2-13　5 s 内 Wi-Fi/BLE 静止信号分布图

从图 2-13 中可以看出，Wi-Fi 的信号覆盖率及 RSSI 均强于蓝牙，并体现了如下特性：在中庭空间的多楼层环境中，Wi-Fi 信号在相邻楼层的相似性较高，使得楼层识别效果低于蓝牙。蓝牙信号传输距离较短，当蓝牙 RSSI≥－70 dBm 时，蓝牙 AP 在布设楼层的 RSSI 明显优于其他楼层，而当蓝牙 RSSI≥－60 时表现更为突出，此时信号分布具有更强的楼层属性。蓝牙信号传输距离短，强信号楼层属性明显，说明蓝牙信号比 Wi-Fi 更适合在此类环境中开展楼层识别。同时可以看出，静止定点数据具有更好的楼层属性，且信号覆盖率也高，信号稳定性

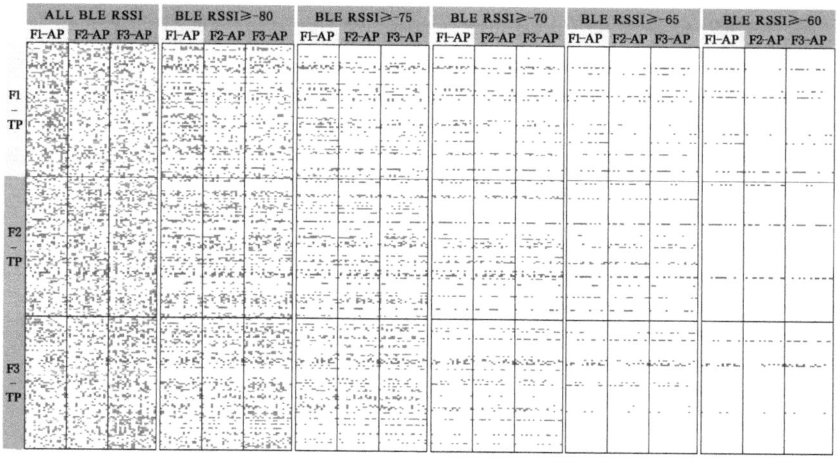

图 2-14　1 s 内 BLE 实时动态信号分布图

好;而 1 s 内 BLE 实时动态信号的楼层归属特性变弱,信号覆盖率低,信号变动幅度较大。因此,从各信号数据的分布来看,只用 RSSI 值作为特征值计算楼层位置不够可靠,需同时考虑 AP 的布设信息才能提升楼层识别精度。

2.3.3.2　Wi-Fi/BLE 信号在不同楼层的信号覆盖情况

在 C7 试验场中,Wi-Fi/BLE 定点指纹库数据中包含 76 个 Wi-Fi AP 和 57 个蓝牙 AP,而测试点都是 67 个。图 2-15 表示 Wi-Fi/BLE 信号分别在 AP 布设楼层、相邻楼层和间隔 2 层楼层的各测试点处的 AP 信号覆盖率。从图 2-15 中可以看出,BLE 信号在 AP 布设楼层的覆盖率仅为 80%左右,在其他楼层覆盖率均不足 70%,明显弱于 Wi-Fi 信号的覆盖率。这表示在不同楼层蓝牙信号的相似度较低,对不同楼层的识别度优于 Wi-Fi 信号。

将图 2-15 中的数据再次整合,统计出各测试点处采集 RSSI 对应的 AP 数量占总布设数量的比例,具体数据如图 2-16 所示。从图 2-16 中可以看出,Wi-Fi 信号在整个试验场三层楼分别对应的 30、19、18 个测试点处的信号覆盖率多数达 90%以上,远高于 BLE 信号。可见 Wi-Fi 信号在不同位置均有较高的相似性,楼层差异不明显。BLE 信号在各测试点的覆盖率仅在 70%左右,即在不同楼层 BLE 的 AP 序列将有约 30%的差异,说明 BLE 在不同楼层的差异性大于 Wi-Fi。

从以上对中庭空间多楼层的 Wi-Fi 和 BLE 信号的分析可以看出:BLE 信号传输距离小于 Wi-Fi 信号,说明在具有中庭空间的多楼层室内环境中,BLE 的楼层辨识度强于 Wi-Fi 信号;多数基于 Wi-Fi 信号的楼层识别算法在中庭空

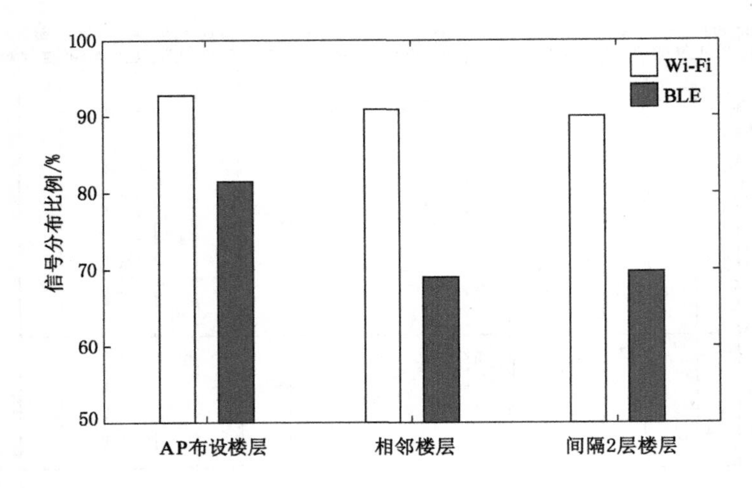

图 2-15 Wi-Fi/BLE 信号分别在 AP 布设楼层、相邻楼层和间隔 2 层楼层的各测试点处的 AP 信号覆盖率

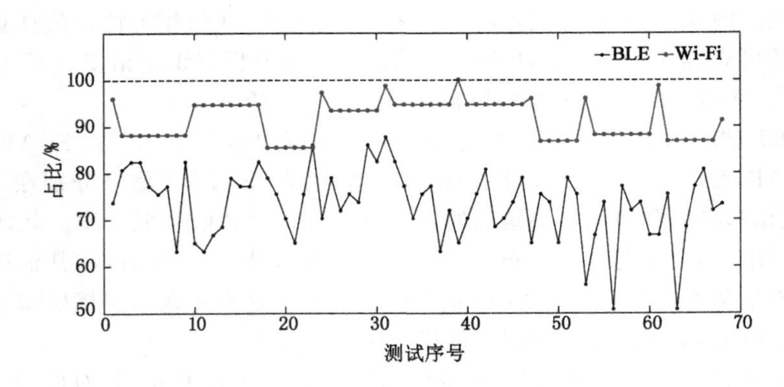

图 2-16 所有测试点处采集的 Wi-Fi/BLE 信号中 AP 数量占总布设数量的比例

间环境的性能逊于 BLE。因此，针对中庭空间多楼层环境的特殊性，可优先考虑采用 BLE 信号开展楼层识别试验。

2.3.3.3 无线信号在不同楼层的信号衰减情况对比

在 F3 层的相同位置处(假设为图 2-9 中的 A、B、C 点)采集 30 s 的 Wi-Fi 和 BLE 信号，找出某安装位置在 F3 层的 AP 分别在 A、B、C 点的 RSSI 情况，如图 2-17 所示。图 2-17(a)表示 Wi-Fi 信号的分布情况；图 2-17(b)表示 BLE 信号的分布情况。从图中可以看出，图 2-4 对应的普通全楼层层板环境中 Wi-Fi

信号在相邻楼层的信号衰减为 20～25 dBm，而在中庭空间环境的 Wi-Fi 信号在相邻楼层的信号衰减仅为 2 dBm，前者远远高于后者。在中庭空间的多楼层环境中，Wi-Fi 信号在相邻楼层的信号衰减不明显，此特性在很大程度上影响了多数基于 Wi-Fi 信号的楼层识别方法的定位精度，因为多数方法基于 Wi-Fi 信号 RSSI 在相邻楼层的突变这一特性开展楼层识别。而 BLE 信号传输距离较短，在中庭空间相邻楼层的信号衰减约为 15 dBm，与 Wi-Fi 信号相比差异明显，在中庭空间环境下的楼层识别效果将明显优于 Wi-Fi 信号。

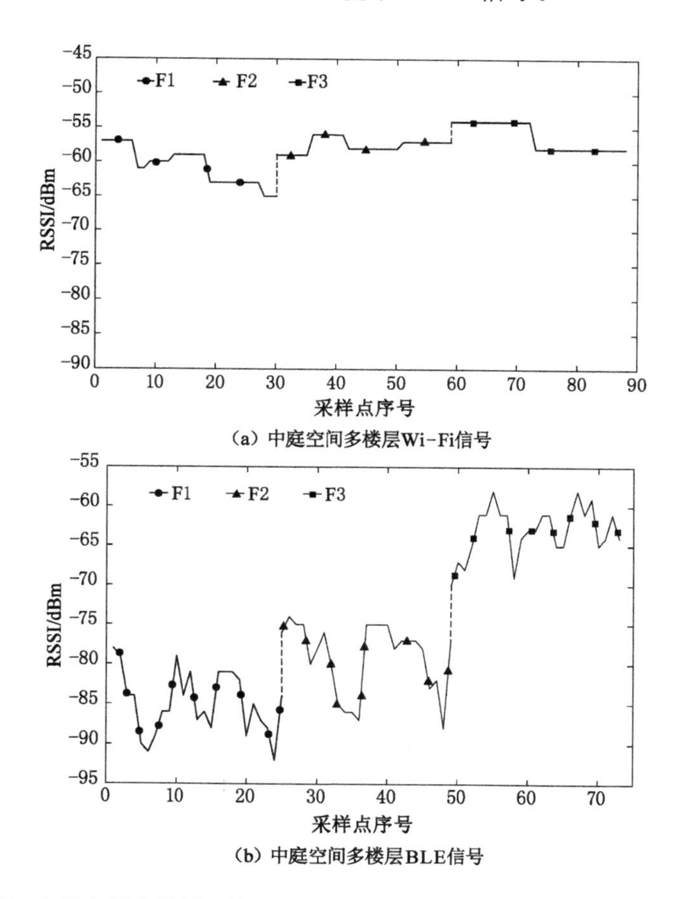

图 2-17　中庭空间多楼层环境 Wi-Fi/BLE 信号在相邻 3 层楼中的 RSSI 情况

2.3.3.4　AP 最大 RSSI 所在楼层与 AP 布设楼层

针对部分基于 AP 布设位置的楼层识别方法展开相应的分析，提取出所有 AP 最大 RSSI 所在楼层与 AP 布设楼层，结果如图 2-18 所示。图中计算楼层表示 AP 最大 RSSI 所在楼层，实际楼层表示 AP 布设楼层。从图 2-18 中可以看出，AP 最大 RSSI 所在楼层不一定是 AP 布设楼层，Wi-Fi 信号传输距离较远，导致两楼层位置相同的概率仅为 61%，若采用 BLE 信号则为 86%。此现象主要是由无线信号的多径效应导致的，信号会产生约 10 dBm 的波动，而此波动对应的距离大于楼层高度，说明这种现象是合理的、可理解的。由此可推断出，基于 AP 的最强信号分布与 AP 布设楼层的楼层识别理论应用将在中庭空间环境受限。

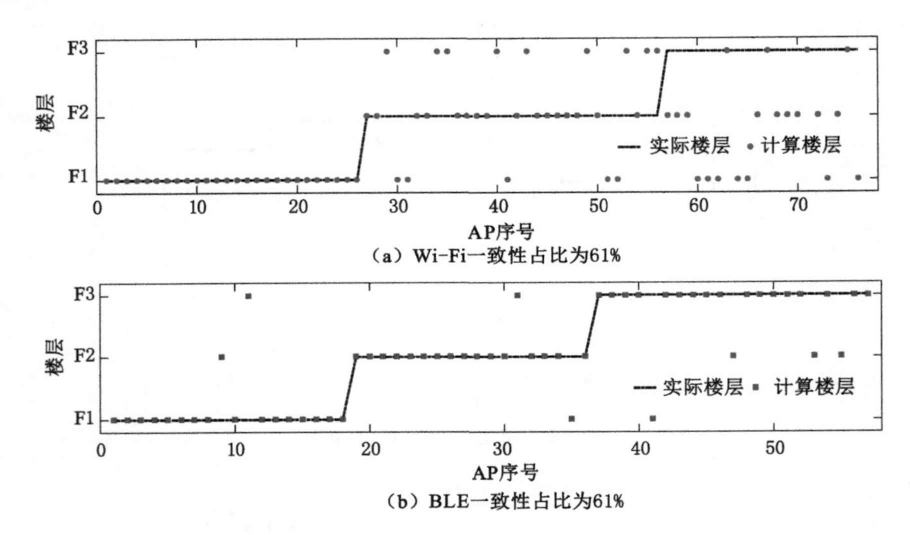

图 2-18　中庭空间 AP 布设楼层及其最大 RSSI 所在楼层分布

2.3.3.5　Wi-Fi/BLE 的 RSSI 与传输距离情况分析

图 2-19 展示了室内单楼层场景中，100 m 内 Wi-Fi/BLE 的 RSSI 随距离增加发生变化的情况，以及 2～10 m 距离处的 RSSI 衰减程度。从图 2-19 中可以看出，Wi-Fi 信号的传输距离大于 BLE 信号，且其 RSSI 比 BLE 强。在 2～10 m 处，BLE 的信号衰减程度更显著，故在中庭空间多楼层环境中，BLE 在不同楼层的信号差异更加明显，楼层区分的效果更好。

总之，通过对 Wi-Fi/BLE 信号的分析，可看出无线信号的两个传输特性：① 传输过程中，RSSI 会随着传输距离的增加而衰减；② 在真实环境下，无线信号在传输过程中会发生反射、散射和衍射等多径现象，引起无线信号的较大波动性。此外，BLE 传输距离小于 Wi-Fi，传输距离相同时，BLE 的信号衰减比 Wi-Fi 明显（从图 2-19 条形图中显示的 10 m 内信号衰减情况中可以看出）。总之，BLE 信号传输距离短，使得在不同楼层之间的信号差异性比 Wi-Fi 信号更明显，故在此类

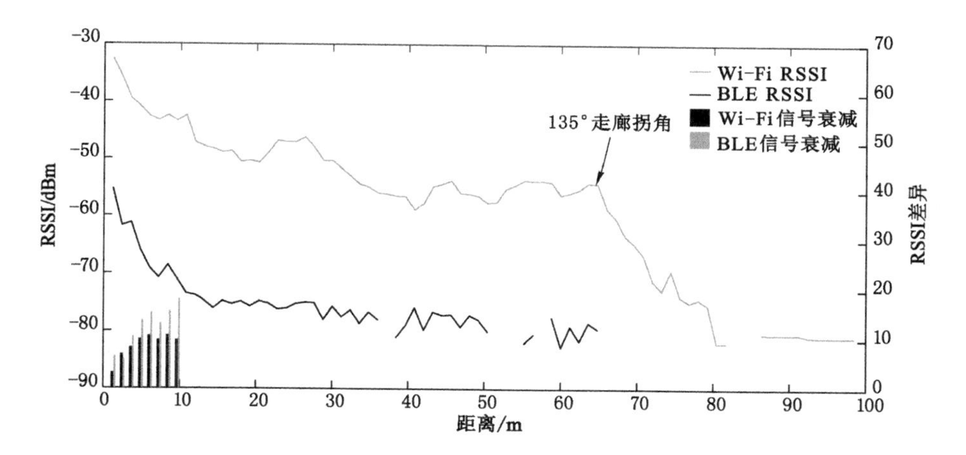

图 2-19　Wi-Fi/BLE 的 RSSI 随距离变化情况及 10 m 内的信号衰减情况

环境下定位楼层时，BLE 要优于 Wi-Fi。

2.4　本章小结

本章介绍了无线信号采集及指纹数据的结构情况，结合现有无线信号楼层识别方法的基本原理将多楼层室内空间结构分为两类。介绍了两种不同空间结构的多楼层试验场环境，深入探讨了在不同空间结构中 Wi-Fi/BLE 信号的空间分布特性，即基于无线信号的楼层识别方法不同于二维室内定位，其性能主要受楼层层板结构对无线信号的衰减影响。全楼层层板结构使 Wi-Fi 信号在到达另一楼层时发生较大的衰减，平均为 25 dBm；中庭空间结构的无线信号在到达另一楼层时衰减较小，平均仅为 2 dBm。两种结构下的无线信号空间传输特性具有较大差别，楼层识别方法也应不同。

第3章　基于Wi-Fi与蓝牙的楼层识别方法

针对现有无线信号楼层定位方法对环境和AP布设条件普适性不高的问题，结合两种多楼层内部空间结构的分类情况以及对应的无线信号空间分布特性，提出适用于不同空间结构的Wi-Fi/BLE无线信号的楼层识别方法。此类方法包括适用于全楼层层板结构的基于无线信号区间置信度楼层识别算法，以及适用于中庭空间结构的基于RSSI区间置信度和各楼层AP最大平均RSSI的自适应加权融合楼层识别算法(本章所称“所提算法”均指此算法)，根据不同算法选择不同的试验场验证，并分别在算法介绍、试验描述、试验验证与结果分析等方面展开详细论述。

3.1　信号区间置信度楼层识别算法

信号区间置信度楼层识别算法(Floor Identification Method based on Confidence Interval of Signals，FIMSCI)在本小节以Wi-Fi信号为例展开论述。算法主要分为两个阶段：离线指纹库构建阶段与在线楼层识别阶段。离线阶段预先规划可覆盖全楼层信号的路径，沿此路径在各层快速采集动态Wi-Fi信号序列，将采集到的所有楼层的RSSI的区间及其频数进行自适应划分，并依据划分区间计算所有AP的RSSI在各楼层的置信度，存入指纹库。在线阶段利用测试信号与指纹库匹配，获取测试信号在指纹库中对应的所有已匹配到的AP在各楼层的置信度，按楼层汇总所有AP的置信度得出各楼层的汇总置信度，进行判断，取汇总置信度最大者对应楼层为目标楼层。计算过程如图3-1所示。

3.1.1　离线阶段指纹库RSSI区间划分

利用图2-1所示的采集软件，选择方法①快速采集参考指纹数据，在试验场的所有楼层按照规划路径缓慢行走，以1 Hz频率移动采集Wi-Fi信号并存档，对存档的全部RSSI进行区间划分。区间划分前先进行数据预处理：统计全部采集的RSSI的频数，计算各RSSI的频数占总频数的比值(即占比)，按RSSI的大小排序，将排好序的数据参照既定的区间数目进行RSSI区间的等概率

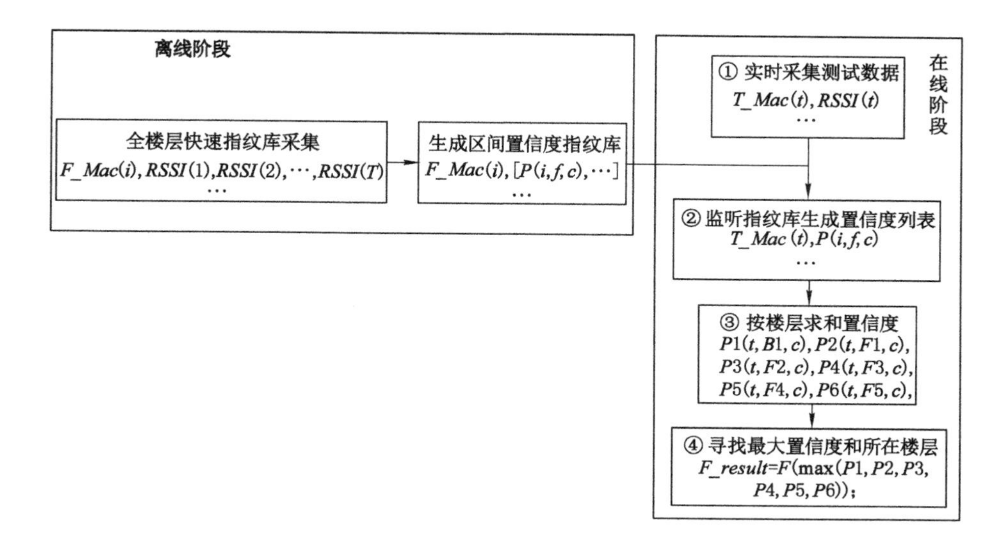

图 3-1　区间置信度楼层识别方法流程图

划分。

区间划分算法介绍如下：设 N 为需要划分的区间个数，$F\_RSSI=[RSSI_1, RSSI_2, \cdots, RSSI_i, \cdots, RSSI_m]$ 为采集的全部信号中去除重复的 RSSI 向量，m 为 F_RSSI 中去除重复 RSSI 的个数。设 $p(RSSI_i)$ 是 F_RSSI 中第 i 个信号 $RSSI_i$ 的概率，即置信度，$i=1,2,\cdots,m$。$P_{\text{sum}}(n)$ 为第 n 个 RSSI 区间的置信度之和，其中 n 为对应的区间序号，且 $n=1,2,\cdots,N$。具体的区间划分过程用最优化理论模型表示，如式(3-1)所示：

$$\min \operatorname{std}() = \sqrt{\frac{1}{N}\sum_{i=1}^{N}[P_{\text{sum}}(i)-\overline{P}_{\text{sum}}]^2}$$

$$\text{s. t.}\begin{cases} P_{\text{sum}}(1) = \displaystyle\sum_{i=1}^{I_1} p(RSSI_i), & 1 \leqslant i < I_1 \\ P_{\text{sum}}(2) = \displaystyle\sum_{i=I_1+1}^{I_2} p(RSSI_i), & I_1+1 < i < I_2 \\ \vdots \\ P_{\text{sum}}(N) = \displaystyle\sum_{i=I_{N-1}+1}^{m} p(RSSI_i), & I_{N-1}+1 < i \leqslant m \end{cases} \tag{3-1}$$

式中，std()是各区间置信度之和的标准差函数，$P_{\text{sum}}(n)$是第 n 个 RSSI 区间的置信度之和，$\overline{P}_{\text{sum}}$ 表示序列$[P_{\text{sum}}(1), P_{\text{sum}}(2), \cdots, P_{\text{sum}}(N)]$的均值，式中 $1\leqslant I_1 \leqslant$

$I_2 \leqslant \cdots \leqslant I_N \leqslant m$。最优化模型的目的是使各 RSSI 区间的置信度之和尽量平均分配，即使$[P_{\mathrm{sum}}(1), P_{\mathrm{sum}}(2), \cdots, P_{\mathrm{sum}}(N)]$的标准差最小。

为更形象地理解区间划分算法，将具体的区间划分情况以图形的形式展示。指纹库信号采集结束后，生成各 RSSI 的置信度，按顺序汇总并生成 RSSI 的累计置信度曲线，数据实例如图 3-2 所示。以 5 组区间划分为例进行说明，先将所有 RSSI 的概率 5 等分，即依次按照图中纵坐标轴方向上 20%、40%、60%、80%的概率值分别找出曲线上对应横坐标轴的 4 个目标 RSSI 值(4 个值可切割成 5 组区间)，此处将距 x 轴的 4 个目标 RSSI 最近的整数 RSSI 作为相邻区间分割点进行划分(因为采集的原始 RSSI 均为负整数)，最终可得出图中区间 1～5 的5 个 RSSI 区间。

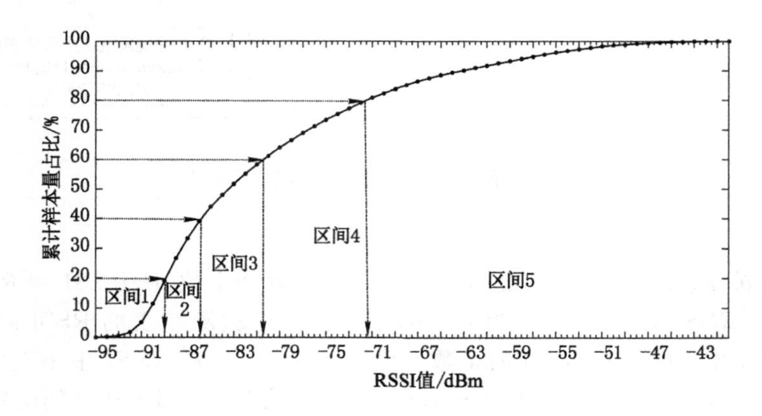

图 3-2　RSSI 的 5 组区间划分实例

确定 RSSI 区间的数量依赖于试验场的信号情况。此外，从信号累计概率统计值可以看出，横坐标轴 RSSI 取“−89 dBm”时对应的曲线斜率最大，此处 RSSI 的概率约为 7.7%，因此最小 RSSI 划分区间需大于 7.7%。另外，由图 2-7 可看出，区间划分还需体现出不同楼层之间 AP 信号概率的差异性，因此 RSSI 区间取值范围不宜太大。根据本试验场的信号特性进行测试与分析，置信度指纹库中的区间以 7～12 组为宜。

3.1.2　离线阶段区间置信度指纹库构建

依据划分的 RSSI 区间统计所有 AP 的 RSSI 在各楼层不同区间的置信度，建立区间置信度指纹库如表 3-1 所列。其中 *MAC_List* 表示接收到无线信号 AP 的 MAC 地址，$P_{0,1}$ 表示某 *MAC_List* 对应的 RSSI 取值在第 1 个 RSSI 区间且归属于负一层楼的置信度，$P_{5,n}$ 表示某 *MAC_List* 对应的 RSSI 取值在第 n 个

RSSI 区间且归属于第 5 层楼的置信度。据指纹库的构建过程可知，各 AP 归属某一层楼的区间置信度之和均为 1，即 $P_{0,1}+P_{0,2}+\cdots+P_{0,n}=1$，且指纹库数据量为试验场所有 AP 的个数。

表 3-1　区间置信度指纹库

MAC_List	$P_{0,1}/\%$	$P_{0,2}/\%$	…	$P_{0,n}/\%$	$P_{1,1}/\%$	$P_{1,2}/\%$	…	$P_{5,n}/\%$
6c:e8:73:91:96:d0	0.0	0.1	…	0.3	0.2	10.9	…	0.5
6c:e8:73:91:96:d1	0.1	23.0	…	5.1	5.8	3.8	…	5.6
6c:e8:73:91:96:d2	0.2	5.0	…	3.8	13.8	18.8	…	3.2
6c:e8:73:91:96:c3	0.3	9.0	…	1.2	21.2	11.2	…	4.2
6c:e8:73:91:96:d4	0.5	12.0	…	2.8	9.8	19.8	…	0.8
…								

3.1.3　在线阶段基于区间置信度的楼层识别方法

设实时采集的测试指纹为 $RF=[T\_Mac_i, T\_RSSI_i]$，其中 $i=1,2,\cdots,n$，表示采集的 n 个 AP 的 MAC 地址及其对应的 RSSI。

首先，用 RF 逐条监听区间置信度指纹库，若在指纹库的 AP 列表中监测到测试 AP，确定测试 RSSI 对应的 RSSI 区间，提取该 AP 在指纹库中归属于所有楼层的置信度，依次循环提取所有 AP 的数据，最终生成 n 行 6 列（试验场楼层数为 6）的分楼层明细置信度矩阵，其中矩阵元素 p_{j,f_t,c_k} 表示测试 AP 关联到的指纹库中的第 j 个 AP，即 F_Mac_j 的 RSSI 在 C_k 信号区间时该 AP 归属于楼层 f_t 的概率，其中 $t=1,2,\cdots,6$。公式如下：

$$G_{\mathrm{T}}(T\_Mac_i, T\_RSSI_i)=\begin{cases}0, T\_Mac_i \notin F\_MAC \\ p_{j,f_t,c_k}, T\_Mac_i=F\_Mac_j \text{ and } T\_RSSI_i \in C_k\end{cases} \tag{3-2}$$

式中，$G_{\mathrm{T}}()$ 表示利用单条测试指纹对应的 AP 及其 RSSI 监听区间置信度指纹库的逻辑公式，该公式的含义为：若满足监听条件，则返回指纹库对应的置信度；若不满足，则置信度为 0。

其次，按楼层汇总所有测试指纹匹配出的明细置信度，得出各楼层的置信度总值，公式如下：

$$Rate\_sum=\sum_{i=1,f_t}^{n} G_{\mathrm{T}}() \tag{3-3}$$

其中，f_t 表示试验场的楼层列表，$Rate\_sum$ 为各楼层的置信度之和，为一个 1 行 6 列的向量，即 $Rate\_sum(f_t)=[Rate\_sum(1),\cdots,Rate\_sum(6)]$。

比较上式生成的各楼层的 $Rate\_sum$，提取出最大 $Rate\_sum$，如式(3-4)所列：

$$F=\arg\max Rate\_sum(f_t) \tag{3-4}$$

最后，将最大汇总置信度 F 对应的楼层判定为目标楼层，算法结束。

3.2 信号区间置信度楼层识别算法验证与结果分析

3.2.1 信号区间置信度楼层识别算法试验数据介绍

离线阶段，在环测楼的各楼层预先规划指纹采集路线；然后用采集软件设置好采集时间，沿既定路线稳步直线行走，并以 1 Hz 频率采集信号。预设时间与路径长度有关，尽量保证全楼层单位面积内信号的采集密度相同，可提升信号区间置信度指纹库的可靠性。为进一步确保指纹库信号的全面覆盖，指纹库信号采集工作分多次采集，每次采集方式相同，平均每两周采集一次，采集时间为 1～2 个月，共采集指纹 4 次，采集信号的数据量高达 20 多万条，可基本体现各楼层的信号区间特征。将所有采集的信号样本数据进行 RSSI 区间划分，并构建区间置信度指纹库。

在线阶段，在各楼层每隔 5 m 左右定点采集 3～5 s 的信号数据，作为测试指纹进行精度评定。同时，为尽可能贴近实际情况，测试点与离线阶段的指纹采集时间间隔约为 1 个月。

为了便于与其他基于 Wi-Fi 信号的楼层识别方法进行对比，并满足其他方法对指纹库的需求，同时进行了采样间隔约 9 m 的定点指纹库信号采集与建库工作。

3.2.2 RSSI 区间划分组数与楼层识别精度分析

使用多种区间分组指纹库，判定各分组对应的楼层识别精度并进行比较，具体数据见图 3-3。选择用 3～14 组的分组区间分别构建区间置信度指纹库，并用相同测试数据开展了楼层识别的评定，由于相邻分组效果相近，此处选择了部分分组数据进行展示。从图 3-3 中数据可以看出，10 组区间置信度指纹库对应的整体楼层识别精度最高，因此选择 10 组信号区间构建指纹库。

此外，从图 3-3 中还可看出，无论哪一种分组模式，地下停车场的楼层识别精度均最高。这是因为地下停车场的屋顶钢筋混凝土最厚，信号穿透该楼层到达其他楼层的衰减程度最大，故此处的信号与其他楼层的差异性最大，楼层识

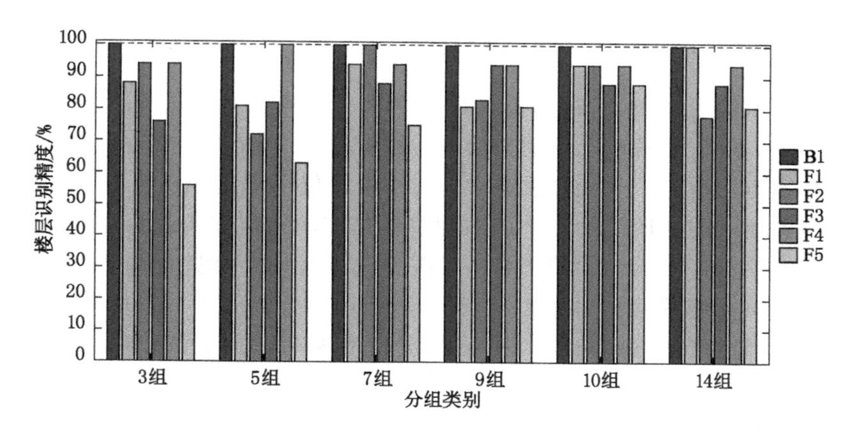

图 3-3　不同分组区间对不同楼层识别精度的影响

别精度最高。而地面上 F1～F5 层的楼层格局类似于长条形不规则形状，室内信号在不同楼层之间的穿透力较好，信号相似度较高，因此识别效果比地下停车场差。

3.2.3　随机房间的楼层识别

在环测楼的 F4 层随机选择 8 个房间，计算各房间的楼层归属度并判定楼层，结果见图 3-4。从图 3-4 中可以看出，所有房间归属于 F4 层的后验概率汇总值最大，8 个房间的楼层识别正确率达 100%。

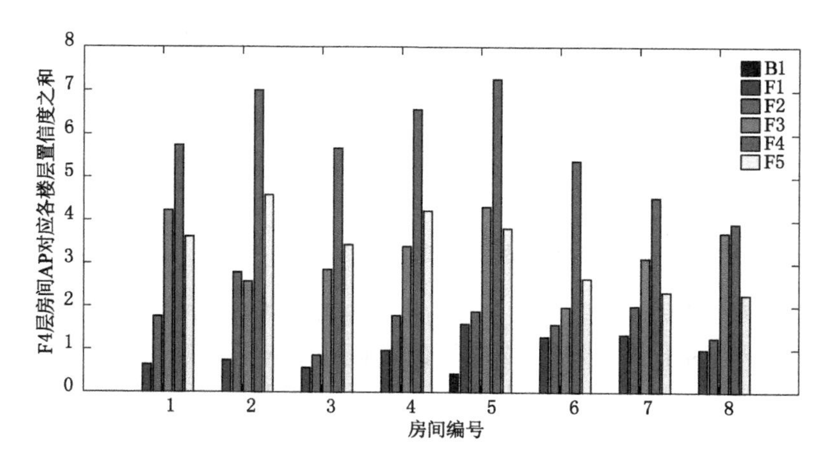

图 3-4　F4 层随机抽查房间所在楼层的识别效果

3.2.4　不同楼层识别方法精度与指纹库数据量对比

考虑到试验场面积大、结构复杂以及 AP 布设不均的特点，此处选择几种同样基于 Wi-Fi 信号的楼层识别方法进行精度对比。包括所提方法在内，选定的几种常用方法有：① 多数投票法[49]，在线阶段仅用测试 AP 的 MAC 地址与指纹库中各楼层的 AP 匹配，AP 的匹配数量最多的楼层即为目标楼层，准确率约为 63.9%；② K-means 聚类方法[61]，在所选试验场环境进行测试，在试验场每间隔约 9 m 定点采集信号并生成指纹库，准确率为 78.7%；③ 朴素贝叶斯分类法，所用指纹库与 K-means 方法一致，准确率为 82.1%；④ KNN 法，所用指纹库与 K-means 方法一致，准确率为 88.9%；⑤ 信号区间置信度楼层识别算法的准确率为 92.2%。各方法所用指纹库的数据量也一并汇总出，具体数据如图 3-5 所示。从图 3-5 中数据可以看出，信号区间置信度楼层识别算法的准确率最高，且指纹库的数据量最少，同时从指纹库采集方式可看出，该方法所用指纹库的采集工作量也最小。

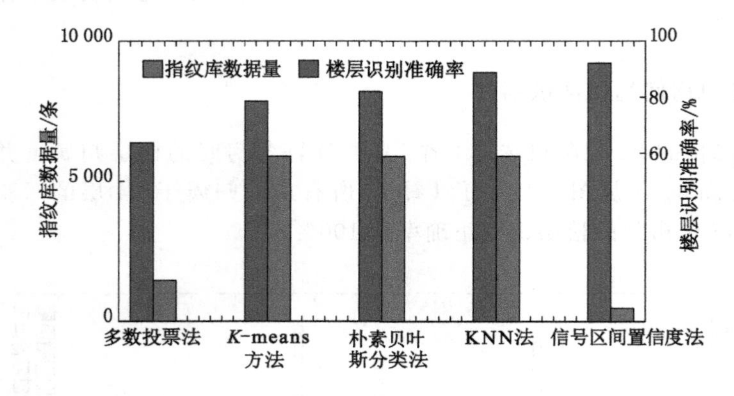

图 3-5　不同楼层识别方法在试验场环境中的识别准确率与指纹库数据量

3.2.5　信号区间置信度楼层识别算法试验总结与分析

在长条不规则、大面积、结构复杂的多楼层环境中，有 AP 布设位置未知且分配不均等现实条件限制，对多楼层复杂环境下的 Wi-Fi 信号在空间的分布进行了深入剖析。在楼层信号穿透能力较好、水平面积较大的多楼层室内环境中，通过对信号数据的深入分析与多维度比较，进而挖掘出 Wi-Fi 信号的深层次空间分布特性。利用信号在多楼层环境的空间分布特性及信号的不确定性特点，提出信号区间置信度楼层识别算法，该算法在大幅度缩减了指纹采集工作量及指纹库空间的前提下，楼层识别精度基本满足定位需求，且实时性效果较好。由于试验条件的局限性，在相同试验条件下，选择 4 种基于 Wi-Fi 信号楼层识别的算法进行了比较，结果发现信号区间置信度楼层识别算法在所用的指纹库数据量最少的情况下，楼层识别精度仍高于其他算法，在 3～5 s 内楼层识别精度可达 92.2%，其余 7.8%的楼层识别误差仅为 1 层。此外，该方法利用快速动态指纹库采集的方法采集指纹数据，并用 RSSI 区间划分法辅助构建了区间置信度指纹库，最终所用的指纹库数据量仅为试验场 AP 的个数，在很大程度上缩减了信号采集的工作量、指纹库的数据量以及计算时间。

从试验对比结果来看，与其他方法相比，虽然楼层识别精度较高，效果较好，但为了在实际楼层识别应用中获取更好的楼层识别效果，可考虑从下面几个方面进一步提升：① 如果室内面积较大，且具有较明显的“区域”属性，比如两部分建筑通过走廊连接，或者两个区域中间有一定厚度的墙壁隔开等，可通过将不同的“区域”分成两部分开展，楼层识别效果将有一定程度的提升。将环测楼试验场的 A、B、C 区分开进行楼层识别，结果发现整体的楼层识别错误率有一定的下降，下降程度约为 1.5%。② 通过增加训练样本量的方法，进一步补足信号区间置信度的信号特征，同时在线阶段牺牲一定的初始化时间可同样提升楼层识别精度。

3.3　自适应加权融合楼层识别算法

从中庭空间多楼层环境中蓝牙信号的空间分布特性可以看出，仅用 RSSI 作为特征值不足以解算出较高精度的楼层位置，将 RSSI 和 AP 布设信息一并纳入特征值进行此类空间结构下的楼层位置解算，并提出一种基于无线信号的多方法自适应加权融合楼层识别算法(Floor Positioning based on Two-method Adaptive Weighted Fusion，FPTAWF)，本节主要以蓝牙信号为例展开论述与分析。

所提算法包括离线阶段与在线阶段。在离线阶段需要三组指纹库：采用与文献[91]相同的方式采集指纹并生成信号区间置信度指纹库；收集 AP 布设信息生成楼层位置库；采集权值训练测试数据，运用两种算法生成过程数据，利用过程数据分别计算权值并汇总后训练得出两种方法的权值归一化因子，用于在线阶段的权值归一化处理。在线阶段：首先，将蓝牙测试信号去噪生成去噪数据。其次，用信号区间置信度楼层识别算法将去噪数据计算得出每层楼对应的置信度之和，判定楼层并保存中间结果——各层汇总置信度结果；同时，利用去噪数据，参考 AP 楼层位置库，计算并保存每层所有 AP 的信号均值，将最大信号均值所在楼层判定为结果楼层，保存各层信号均值；基于两个楼层结果将中间结果赋权值，所有权值汇总后与归一化因子相乘得出归一化权值，将两个楼层结果及归一化权值四个数据进行滤波融合。最后，计算得出滤波融合后的楼层估计值，估计值取整得出的楼层位置即为最终楼层结果。自适应加权融合楼层识别算法流程见图 3-6。

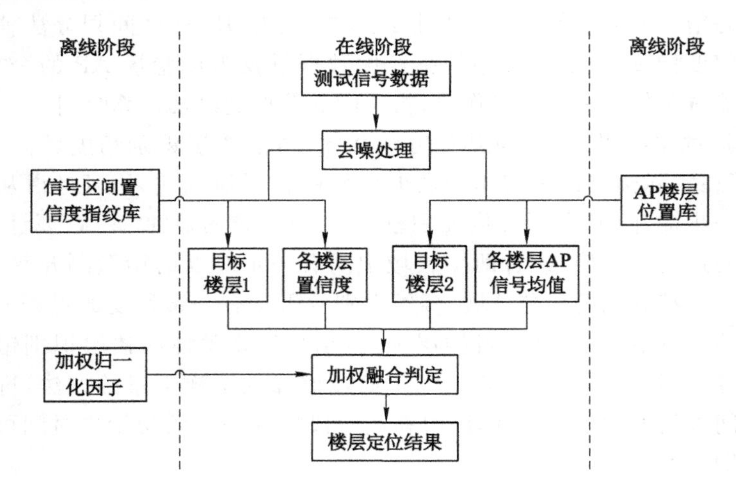

图 3-6　自适应加权融合楼层识别算法流程图

3.3.1　信号去噪处理

在任意位置静止采集若干秒的信号数据，取均值，对应测试数据格式如下：$TF_{\text{test}}=\{Mac_i, rssi_i\}(i=1,2,3,\cdots,n)$，表示在某一测试点采集到的 n 个蓝牙的 MAC 地址及其 RSSI 均值。具体剔除的弱信号数据大小，需根据试验场环境训练与定位测试得出。通过对试验场信号的分析，发现弱于 −90 dBm 的蓝牙信号会对后续楼层识别算法产生一定干扰作用，因此，将 RSSI 值小于 −90 dBm 的实时测试信号剔除以便有效提升楼层识别精度。去噪公式如下：

$$TF'_{\text{test}}=\begin{cases}[Mac_i, rssi_i], & rssi_i \geqslant -90\ \text{dBm} \\ [\text{null}], & rssi_i < -90\ \text{dBm}\end{cases} \tag{3-5}$$

经试验统计，剔除的弱信号数据占比仅约为全部信号的 3%，且多数分布于离 AP 最远的位置。在实际应用中，剔除的信号区间需考虑多种因素，包括楼层高度、AP 布设、层板材质及厚度、室内面积等。若层高较高、楼层层板更厚、中庭空间面积更大，无线信号的衰减将更明显，即便不剔除弱信号仍能实现良好的楼层识别效果。

3.3.2 RSSI 均值最大楼层识别算法

本书将文献[74]中的算法进行了改进，在汇总各楼层所有 AP 的平均 RSSI 值的基础上，将结果按所在楼层的 AP 数求均值进行楼层识别，此方法将不再受每层楼 AP 布设数量的影响。设试验场共 T 层楼，每层楼的蓝牙布设数量为 Mt 个，其中 $t=1,2,\cdots,T$，每层楼的蓝牙位置数据用 $BF=[F_t,Mac_{t_i}]$表示，其中 Mac_{t_i}表示在第 t 层楼的第 i 个蓝牙的 MAC 地址，$t\_i=1,2,\cdots,Mt$。设经去噪处理后生成的去噪指纹列表为 $TF'_{\text{test}}=[Mac_j,rssi_j]$，其中 $j=1,2,\cdots,n'$，且 $n'<n$，表示信号去噪后的蓝牙数目。将 TF'_{test}与 BF 中的 MAC 地址匹配，相同楼层所有 AP 的 RSSI 均值 $rssi\_avg_t$ 作为每层楼的判定依据，将最大 $rssi\_avg_t$ 对应的楼层判定为目标楼层，公式如下：

$$rssi\_avg_t=\text{average}(\text{list}(rssi_j,\quad \text{if } Mac_j\in BF(F_t,Mac_{t\_i}))\qquad(3\text{-}6)$$

目标楼层判定为：

$$F_{\text{max\_rssi}}=\arg\max(rssi_t),\quad t=1,2,\cdots,T\qquad(3\text{-}7)$$

将目标楼层号和 $rssi\_avg$ 列表记为 $F_1=[F_{\text{max\_rssi}},rssi\_avg]$，其中 $F_{\text{max_rssi}}$表示试验场的第 1～T 层楼，$rssi\_avg=[rssi\_avg_1,rssi\_avg_2,\cdots,rssi\_avg_T]$，作为权值赋值依据与混合楼层识别算法融合判定指标。

3.3.3 信号区间置信度算法

与 3.1 节算法相同，用去噪后的测试指纹 TF'_{test}进行楼层判定，具体算法公式不再赘述。

在原有算法的基础上进行权值赋值，同时保存区间置信度楼层识别算法的倒数第二步各楼层的汇总置信度，记为 $F_2=[F_{\text{interval}},Interval]$，其中 F_{interval}表示试验场的第 1～T 层楼，$Interval=[Interval_1,Interval_2,\cdots,Interval_T]$，作为权值赋值依据，并进行算法融合判定最终楼层。

3.3.4 权值归一化因子的训练与计算

采用一组可覆盖整个试验场的 K 个测试点，基于 AP 的 RSSI 均值最大楼层与信号区间置信度楼层识别算法进行计算，生成各算法结果列表 F_1 和 F_2。然后根据两个结果列表 F_1 和 F_2 中所有测试点的中间结果数据 $rssi\_avg_K$ 和 $Interval_K$，提取所有测试点 $rssi\_avg_k$ 和 $Interval_k(k=1,2,\cdots,K)$中的最大和第二大的数值，记为 $\max(rssi\_avg_K)$，$\max1(rssi_avg_K)$和 $\max(Interval_K)$，$\max1(Interval_K)$，两方法的初始权值 q_{1k}和 q_{2k}按照式(3-8)计算得出：

$$\begin{cases} q_{1k} = (\max(rssi\_avg_k) - \max1(rssi\_avg_k))/\mathrm{abs}(\max(rssi\_avg_k)) \\ q_{2k} = (\max(Interval_k) - \max1(Interval_k))/\max1(Interval_k) \end{cases} \tag{3-8}$$

经式(3-8)计算得出的两种方法的初始权值列表，记为 $q_1 = [q_{11}, q_{12}, \cdots, q_{1K}]$ 和 $q_2 = [q_{21}, q_{22}, \cdots, q_{2K}]$。为使两者权值具有相同的数据度量指标，设 q_1 的归一化因子 w_1 为 1，q_2 的归一化因子为 w_2，两种方法的归一化因子的赋值或关系如下：

$$\begin{cases} w_1 = 1 \\ w_2 = \mathrm{sum}(q_1)/\mathrm{sum}(q_2) \end{cases} \tag{3-9}$$

在之后的算法融合过程中，权值采用上述的归一化因子进行归一化处理，即权值与归一化因子相乘，如式(3-10)所列：

$$\begin{cases} w'_1 = q_1 w_1 \\ w'_2 = q_2 w_2 \end{cases} \tag{3-10}$$

归一化权值 w'_1 与 w'_2 便于在两个方法的融合过程中具有相同的数据衡量指标。

3.3.5 自适应加权融合判定楼层

分别采用基于 RSSI 均值最大楼层识别算法和基于信号区间置信度楼层识别算法计算出楼层结果 F_{t1} 和 F_{t2}，并得出各算法对应的中间值：$rssi\_avg_{t1}$、$rssi\_avg_{t2}$、$interval_{t1}$、$interval_{t2}$，采用式(3-11)生成各自的权值结果：

$$\begin{cases} q_{t1} = \mathrm{abs}[(rssi\_avg_{t1} - rssi\_avg_{t2})/\max(rssi\_avg_{t1}, rssi\_avg_{t2})] \\ q_{t2} = \mathrm{abs}[(Interval_{t1} - Interval_{t2})/\min(Interval_{t1}, Interval_{t2})] \end{cases} \tag{3-11}$$

然后根据公式(3-12)训练归一化因子，将两个权值进行自适应归一化处理：

$$\begin{cases} w_{t1} = q_{t1} w'_1 \\ w_{t2} = q_{t2} w'_2 \end{cases} \tag{3-12}$$

再根据两个归一化后的新权值 w_{t1} 和 w_{t2} 将两个楼层结果进行融合计算，之后再进行四舍五入取整，具体计算过程见式(3-13)。

$$F_{\mathrm{result}} = \mathrm{round}(F_{t1} w_{t1} + F_{t2} w_{t2}) \tag{3-13}$$

最后，将取整后的楼层结果判定为目标楼层。

3.4 自适应加权融合楼层识别算法验证与结果分析

根据试验场条件，选择多个方法共同比较楼层识别的性能。根据各方法需要采集和创建相应的指纹库，同时尽可能采用相同的测试数据集进行精度评定与性能分析。采用的参考数据有 Wi-Fi/BLE 区间置信度指纹库、Wi-Fi/BLE

楼层位置库、Wi-Fi/BLE 定点指纹库。测试数据用 Wi-Fi/BLE 定点指纹库和动态测试库，可比较 5 s 静止和 1 s 运动（1 s 运动状态是指在行走状态下以 1 Hz 的频率采集指纹）两种状态下的楼层识别准确率。运用上述各类数据，并采用多种算法开展楼层识别测试，最后比较各方法的楼层识别准确率，同时对比分析各方法的指纹库采集与维护工作量等指标。由弱信号逐步剔除的过程可以看出，蓝牙信号的部分强信号数据体现了较强的楼层属性，且大多数信号分布在 AP 布设楼层，少部分信号来自相邻楼层的 AP，极少部分信号来自相隔两层楼的 AP。而 Wi-Fi 信号在整个 C7 试验场 3 层楼均具有较强的 RSSI 与较大的信号覆盖范围，因此 Wi-Fi 信号在中庭空间中的楼层属性弱于蓝牙。

3.4.1　基于 Wi-Fi/BLE 不同 RSSI 区间的楼层识别情况

根据不同 RSSI 范围统计各楼层的 AP 数量判定楼层，该方法可直观比较出此类环境下 Wi-Fi 与 BLE 信号的楼层识别性能。利用 AP 数量进行楼层识别，方法描述如下：用 Wi-Fi/BLE 信号 5 s 的定点指纹库，与 Wi-Fi/BLE 楼层位置库关联统计出各楼层的 AP 数量，将 AP 数量最大的楼层判定为目标楼层。补充三点：① 若各楼层布设的 AP 数量不同，可采集到的 AP 数量占当前楼层布设 AP 数量的比值作为特征值进行判定；② 选择定点静止信号，并取 5 s 内的 RSSI 均值可充分体现测试位置的信号特征；③ 采用不同信号区间进行比较，可凸显 Wi-Fi 与蓝牙信号的分层特性。不同的 RSSI 范围对应不同的楼层识别准确率，结果如图 3-7 所示。

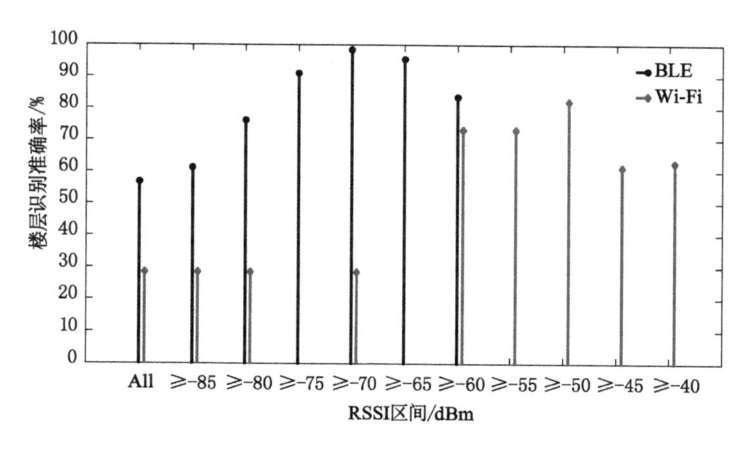

图 3-7　不同 RSSI 范围的 Wi-Fi/BLE 楼层识别准确率对比

从图 3-7 中可以看出：5 s 静止蓝牙测试信号在 RSSI≥－70 dBm 时的楼层

识别准确率最高，达 100%；而 Wi-Fi 信号在 RSSI≥−50 dBm 时的楼层识别准确率最高，仅为 82%，且 Wi-Fi 信号的楼层识别准确率普遍低于蓝牙信号。此外，Wi-Fi 信号的 RSSI 普遍强于蓝牙信号，可推断出：Wi-Fi 信号在中庭空间结构多楼层环境中可到达更远距离的楼层位置。5 s 定点静止测试数据不足以提升 Wi-Fi 信号的楼层识别准确率，因此在此环境中选用蓝牙信号进行楼层识别的效果更理想。此外，虽然蓝牙信号已达到 100%的楼层识别准确率，但此准确率是由 5 s 静止状态下采集的测试数据实现的。而 1 s 动态信号波动性较大，样本量较少，无法满足所有时刻的蓝牙在 RSSI 区间取"≥−70 dBm"时还能保留足够样本且达到较高的准确率。因此，RSSI 区间范围的确定需多方面考虑。此外，考虑到区间范围的离散性，部分范围未做试验，因此图中部分区域 Wi-Fi 或蓝牙结果未作展示，但整体准确率趋势已有所体现。

3.4.2 多种楼层识别方法的性能对比

为确保公平，选择的各算法应尽可能采用相同的参考数据与测试数据，无线信号选择 Wi-Fi 和蓝牙两种，测试数据分 5 s 静止与 1 s 实时运动两种状态采集。选择的几个楼层识别方法如下：

(1) K 最近邻楼层识别算法。该算法参考文献[66]，在选择 5 s 定点指纹库数据进行测试时，Wi-Fi 和蓝牙信号均选择 $K=1$ 的情况进行对比。因为 5 s 定点指纹库对应的信号已能够基本体现采集点处的信号特征，需要确保与其他算法的参考数据相同。选择缓慢行走采集的指纹库即区间置信度指纹库的源数据作为参考指纹。

(2) RSSI 均值最大楼层识别算法。该算法基于文献[43]提出的"基于 AP 信号在穿过天花板和地板时衰减的事实来判断楼层"以及"来自同一楼层的 AP 的平均信号强度将更高"的思想提出，该算法采用在任一测试点采集的信号数据，关联 AP 楼层位置库，统计各楼层 AP 的信号均值，将信号均值最大的 AP 组所在楼层判定为目标楼层。

(3) 信号区间置信度楼层识别算法。采用去噪信号开展楼层识别，参考数据采用 3.1 节介绍的经每层缓慢行走采集的指纹数据，具体楼层判定方法不再赘述。

(4) 去噪贝叶斯算法。剔除测试点信号数据中的部分弱信号 AP，并选择 AP 位置库作为参考，选择 AP 位置作为特征值而非 RSSI，并运用贝叶斯算法计算得出测试指纹归属于每层楼的概率，最后将最大概率对应楼层位置判定为目标楼层。

(5) 自适应加权融合算法。具体算法已在前文详细阐述。

采用相同的参考数据生成各算法所需格式的参考指纹库，并尽可能使用相同测试数据开展楼层识别，五种算法的楼层识别效果如表 3-2 所列。从表 3-2 中可以看出，除了 K 最近邻楼层识别算法的实时动态测试结果之外，其他算法中 Wi-Fi 信号楼层识别的准确率均低于蓝牙。但 K 最近邻楼层的指纹库的采集与维护更新的工作量均最大，不适合在大型室内多楼层环境开展普及应用。此外，基于蓝牙信号的楼层识别算法中，所提算法在两种状态，即 5 s 静态与实时动态下的楼层识别准确率均最高，指纹库采集工作量较小，指纹库数据量小，在线阶段算法复杂度小，因此适合在中庭空间多楼层环境中应用。

表 3-2　五种楼层识别算法判定效果比较

方法	指标				算法复杂度	指纹库工程量
	Wi-Fi 准确率		BLE 准确率			
	5 s 静态	实时动态	5 s 静态	实时动态		
K 最近邻楼层识别算法[66]	K=1,61.2%	K=3,94.5%	K=1,31.3%	K=4,89.8%	$O(n^2)$	定点采集，工程量与数据量大
RSSI 均值最大楼层识别算法[43]	82.1%	80%	85.1%	86.2%	$O(n^2)$	AP 布设楼层已知，无须采集指纹库
信号区间置信度楼层识别算法[91]	12 组等间区间，85.1%	12 组等间区间，80%	6 组去噪等概率区间，95.5%	6 组去噪等概率区间，89.1%	$O(n^2)$	缓慢行走移动采集，省时省力
去噪贝叶斯算法	RSSI≥−50 时，82%	RSSI≥−50 时，80%	RSSI≥−70 时，98.5%	RSSI≥−70 时，84%	$O(n)$	AP 布设楼层已知，无须采集指纹库
所提算法	93.5%	66.5%	100%	92.7%	$O(n^2)$	缓慢行走移动采集，省时省力，AP 布设楼层已知

为更形象地展示各算法在中庭空间环境中的楼层识别效果，以楼层识别与指纹库数据量为指标作图展示。同时在试验场中，以 K 最近邻楼层识别算法与所提算法为例说明指纹库采集工作量：K 最近邻楼层识别算法需选择多参考点，在试验场平均每 7～9 m 设一参考点，整个楼层可平均布设 12 个参考点，各参考点采集 60 s 信号，整个试验场 60 个蓝牙 AP，平均每个 AP 的信号覆盖率约为 70%。因此，整个试验场的蓝牙信号指纹库数据量为：12(参考点数量)×3(楼层数量)×60(AP 数量)×70%(AP 覆盖率)=1 512(条)；采集时间为：12(参

考点数量)×3(楼层数量)×1(min)+3(楼层过渡时间,min)=39(min)。而信号区间置信度指纹库采集的指纹库数据量为:3(楼层数量)×60(AP 数量)+60(AP 布设数量)=240(条);3 遍的指纹信号采集时间为:1.5(每层时间,min)×3(楼层数量)×3(采集遍数)=13.5(min)。两种算法指纹库数据量的最大区别是,随着楼层识别场所面积和楼层数的增加,基于 *K* 最近邻楼层识别算法的指纹库数据量将随着参考点数量和楼层面积的增加而成倍增加,而基于所提算法的指纹库数据量仅增加几分之一。随着多楼层面积与楼层数的增加,两种算法的指纹库数据量差距将更加明显,基于 *K* 最近邻楼层识别算法的性能将受限,此时该算法要加入聚类算法方可提升部分性能。

具体数据量及定位性能展示如图 3-8 所示。从图 3-8 中可以看出,五种基于 BLE 的楼层识别算法中,所提算法在 5 s 静止状态和 1 s 实时动态两种运动状态下的楼层识别准确率均最高,且指纹库数据量比普通定点采集指纹库数据量小很多,整体定位性能最优。

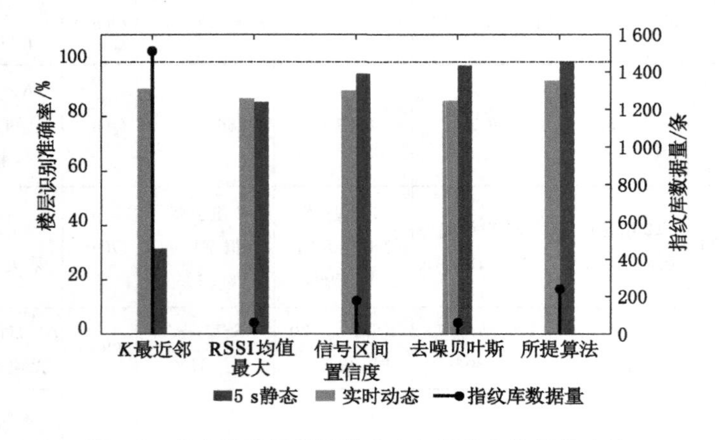

图 3-8 多方法楼层识别准确率与指纹库数据量比较

3.4.3 多个试验场多种方法的楼层识别

为进一步检验算法的性能,选择多个具有中庭空间的多楼层试验场进行比较,试验场选择图 2-12 中的资源楼 L1 与行政楼 L2。鉴于试验场的真实性及场地布设限制,无法布设额外的 Wi-Fi/BLE 设备。试验场 BLE 布设极其稀疏,无法支持楼层识别试验,因此选择 Wi-Fi 信号进行多方法的性能对比。

鉴于真实试验场的布设条件和相应的楼层识别方法要求,选择几种先进的机器学习分类方法分别在 C7、L1 和 L2 三个试验场共同开展楼层识别试验，并进行准确率对比，选择的算法有决策树算法、SVM 算法、KNN 算法、ANN 算法。具体的楼层识别准确率结果如图 3-9 所示，图中每个试验场均进行了 1 s 运动状态测试与 5 s 静止状态测试，且不同方法使用的定点指纹库、测试库相同。从图 3-9 中可以看出，在 C7 试验场的 1 s 实时定位试验中，除决策树分类法楼层识别准确率略高之外，所提算法楼层识别准确率明显高于其他三种算法。总体上来说，所提算法的楼层识别准确率优于其他四种分类方法。

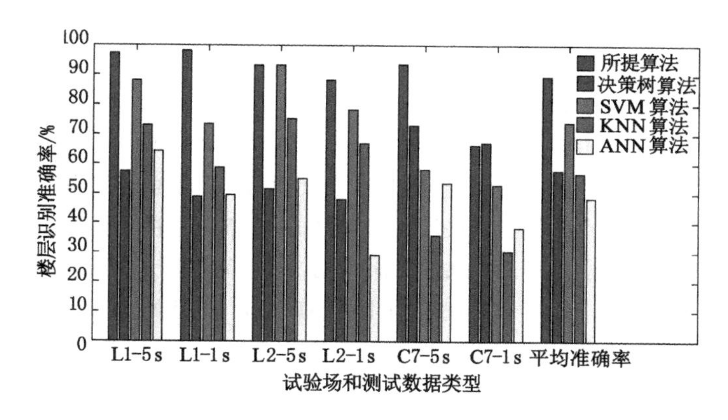

图 3-9　多试验场多方法 Wi-Fi 信号楼层识别结果对比

此外，上述几种算法中，算法分析如下：① 自适应加权融合算法只需少量的指纹库与位置库即可识别楼层，无须训练模型，算法效率较高，复杂度较低；② 决策树算法比较适合处理小样本量数据，分类训练需对样本集多次扫描和排序，导致算法效率较低；③ SVM 算法具有较好的适应能力及较高的准确率和泛化性能，但对缺失数据敏感，算法收敛时间不快；④ KNN 算法简单、有效，靠周围有限的邻近样本实现分类，该算法计算量较大，需通过预先训练并确定 K 值，样本量较小的情况下容易出现误判；⑤ ANN 算法计算量大，学习时间长，输出结果稳定性较低，不适合在智能手机中实现。总之，各算法均有其优点与不足之处，对相同的训练与测试样本，各类算法的精度已在图 3-9 中显示，对于训练样本，在每一点处采集了约 20 s 的信号数据，足以体现出采集位置处的信号特征，进而保证各分类算法的发挥。总体上来说，从计算性能和识别准确率方面来看，在中庭空间结构环境基于无线信号的楼层识别方法中，所提算法均有较好的表现。

3.4.4 自适应加权融合楼层识别算法试验总结与分析

在两种运动状态下对自适应加权融合楼层识别算法进行了性能测试，发现在 5 s 静止状态下的楼层识别准确率高达 100%，在 1 s 实时运动状态下的楼层识别准确率也达到了 92.7%，与其他 4 种楼层识别算法相比均有明显的提升。在指纹库采集工作量方面，所提算法采集指纹的工作量省时省力，只需在走廊区域缓慢行走即可完成信号采集工作，且数据量少，如有设备变动也可快速采集并及时更新指纹库。

具有中庭空间的多楼层环境较为常见，但专门针对此环境的楼层识别方法却极少。从无线信号的空间传播特性来看，此环境与普通多楼层环境的差异性较大，故多数基于无线信号的楼层识别方法在此类环境中的定位效果不理想。首次专门针对中庭空间多楼层环境提出基于无线信号的楼层识别算法，可独立解算出楼层位置，又可为其他方法提供初始楼层参考，适用范围广，楼层识别准确率高，成本低廉，普适性好。同时，在深入分析中庭空间多楼层环境 Wi-Fi 和蓝牙信号的空间传播特性时，发现蓝牙信号在区分楼层方面的表现明显优于 Wi-Fi 信号，因此在此环境的楼层识别过程中建议选择蓝牙信号。自适应加权融合楼层识别算法通过与其他相关方法相比，发现其在定位准确率和指纹库数据量方面均具有更好的表现。

此外，在指纹库构建与维护方面，与多数基于无线信号指纹定位的室内定位方法相同，均涉及指纹库的维护与更新工作。在实际应用中，需考虑到指纹库的及时更新，比如无线设备的增加、拆除或移位等，需将信号区间置信度指纹库与 AP 楼层位置库进行及时调整，此方面的工作已有相关的论文详细阐述，此处不再展开。此外，若想同时达到实时性与高准确率，可考虑在行走状态下将前几秒的信号数据回滚融合，准确率可有一定程度的提升。经验证，所提算法在运动状态下采用 3 s 的 RSSI 均值回滚数据实现了实时的楼层识别，准确率可达 98.2%。最后，对于蓝牙信标的布设在实际应用中难以直接获取的问题，可通过多种方法[166-169]估计 AP 所在楼层，其中包括加权质心法[68,170]。若因特殊情况不具备蓝牙的布设条件，也可以用 Wi-Fi 信号替代，通过所提算法步骤同样可实现多楼层中庭空间环境下的高准确率的楼层位置估计。如果基础设施或环境发生了重大变化，例如 AP 的位置发生了变化，家具在周围移动，占用封闭空间的人数急剧增加，或测试地点发生了变化，则必须重新采集指纹以保持高准确率性能[171]。

3.5 本章小结

本章针对全楼层层板结构无线信号的空间分布特性，提出了基于最优化理论和概率统计等算法的无线信号区间置信度楼层识别算法，选择具有长条不规则、大面积、结构复杂且各楼层 AP 分布密度不均匀的多楼层环境进行了验证，结果表明，与多数投票法、*K*-means 聚类方法、KNN 法、朴素贝叶斯分类法等方法相比，该方法对楼层识别的准确率为 92.2.%，准确率最高，且指纹库数据量最小。针对中庭空间结构无线信号的空间分布特性，提出了基于 RSSI 区间置信度与各楼层 AP 最大 RSSI 均值的自适应加权融合楼层识别算法，选择 2 种行人运动模式、3 个试验场以及与决策树、SVM、KNN、ANN 等多种算法进行了对比，结果表明，所提算法的平均楼层识别准确率在不同运动状态和 3 个试验场均达最高。此外，由于多径效应使得 Wi-Fi、BLE 等无线信号波动性大，基于 Wi-Fi、BLE 的楼层识别准确率稳定性不高，提出的信号区间置信度和自适应加权融合的两种无线信号的楼层识别算法也不例外。因此需考虑与稳定性较好的楼层识别算法相结合，通过两种算法的共同协作以期达到长时间稳定的楼层识别效果。

第4章　基于行人活动分类的楼层变更检测方法

多径效应使得 Wi-Fi 与蓝牙等无线信号波动性较大，导致提出的两种基于 Wi-Fi/蓝牙的无线信号楼层识别算法精度不够稳定。为弥补上述不足，可以选择稳定性较好的相对楼层位置变更检测方法与之融合。本章主要内容包括：分析行人运动过程与智能手机加速度传感器数据的联系；根据智能手机传感器的特性提出行人活动分类所需的分类特征向量；开展分类特征向量与机器学习分类算法的寻优过程，确定最优分类方案；提出基于行人运动类别与楼梯地标特征紧密结合的楼层变更检测方案；通过多种运动方式进行验证。

4.1　行人运动过程与智能手机加速度传感器数据的联系

智能手机加速度传感器频率高于行人运动频率。通过对智能手机加速度计数据的特征分析，可以推断出行人的运动类别。图 4-1 体现了不同运动状态下加速度计的数据特征，使用均值滤波后的三轴加速度计模值(即求平方和的平方根，用 a_all' 表示)进行展示。从图中可以看出，行人行走、上楼梯和下楼梯三种状态的 a_all' 相似度较高，而静止、电梯上行和电梯下行的 a_all' 波动范围较小，且容易区分。

4.1.1　行人运动过程中智能手机传感器数据的特征

将图 4-1 中的行走、下楼梯、上楼梯三种运动状态下的三轴加速度计数据进行扩大展示，对应的数据波动情况如图 4-2 所示。图 4-2 中展示了三轴加速度计数据在三种运动状态下的波动特征。不同运动状态下三轴加速度计的数据特性不同：行走状态下，z 轴峰值多数与 x 轴谷值发生在同一时刻；下楼梯状态下，z 轴峰值多数与 y 轴极小值时间重合；上楼梯状态下，z 轴峰值多数发生在 y 轴极小值附近。此外，上楼梯状态下，y 轴曲线呈现一定的偏度信息，而行走和上楼梯状态下无此特性。结合不同运动状态下的三轴加速度计数据波动特征进行分类特征向量提取。除此之外，滤波后的加速度计数据以及总模值曲线在不同运动状态下也有不同特征。

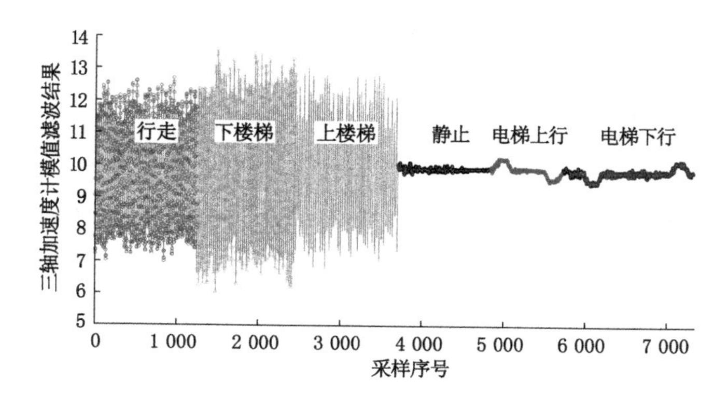

图 4-1　不同运动状态下滤波后的加速度计模值数据情况

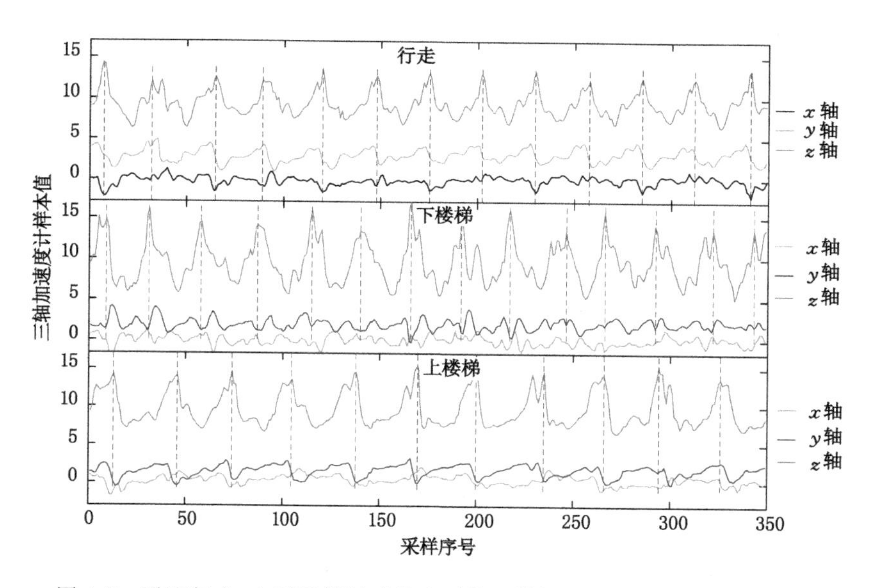

图 4-2　平面行走、上下楼梯运动状态下的三轴加速度计算计数据波动特征

在多楼层环境下，上述三种行人运动状态与楼层变更具有较大关联，因此可用于辅助判断楼层变更。根据各运动曲线特征情况提取部分特征向量展开分析，具体数据情况见图 4-3。从图 4-3 中可以看出，提取的特征向量主要基于加速度计的模值和气压，不同的特征向量在三种运动过程中具有不同的数据分布，除气压特征较明显之外，加速度特征在三种运动过程中的数据相似度较高，分类难度较大。考虑到目前部分智能手机没有气压计，因此，需要考虑将更多

的特征向量纳入分类特征进行分类训练与测试。

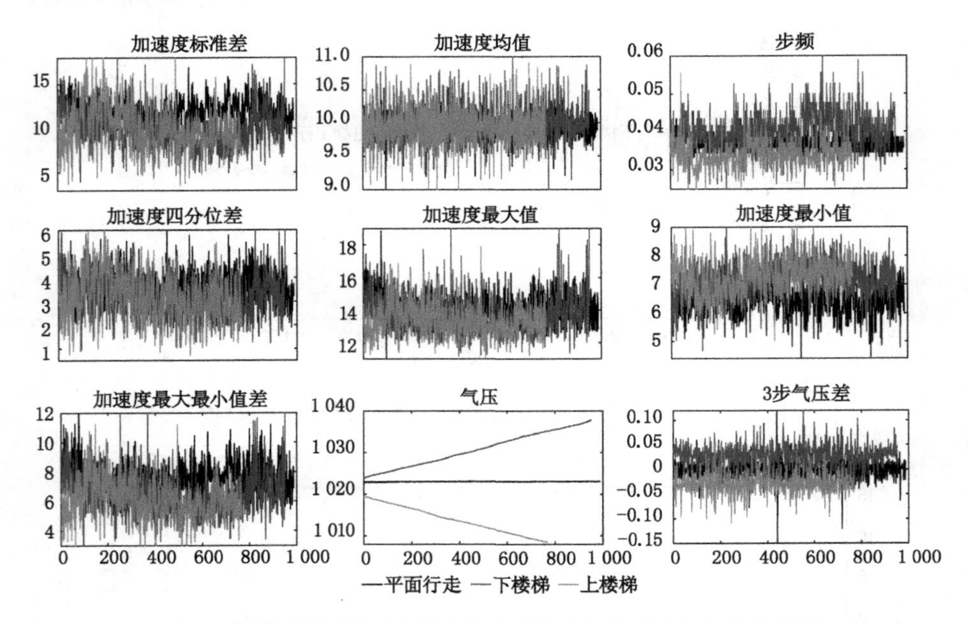

图 4-3 平面行走和上、下楼梯运动状态下各特征向量的数据情况

4.1.2 电梯运行过程中滤波后总加速度数据的变化特征

行人乘坐电梯过程中,通过传感器数据体现出电梯的运行特性,电梯运行过程中 a_all' 的波动幅度远小于行人行走和上、下楼梯时的波动幅度。电梯上、下行时,相应的 a_all' 呈现出一定的规律,即电梯上行过程中运动状态总会先向上加速再减速至停止,同时下行过程中会出现向下加速再减速至停止的过程。其中,加速和减速的中间时刻,a_all' 根据具体高度差会出现一小段时间的平稳状态,电梯的起止时间与运行高差绝对相关[49]。因此,可根据上述性质推断电梯运行过程中用户变更的上下楼层数。电梯上、下行过程中 a_all' 变化特征如图 4-4 所示。为突出显示电梯上、下行过程的 a_all' 的变化,删除了部分等待时间的静止数据。

此外,行人乘坐电梯的过程中经常会出现中途停止后继续运行的情况(中途其他人进出电梯),针对此过程将其视为多次电梯变更阶段即可。每个阶段会生成对应的高差,将高差转换为楼层变更层数,将多次的楼层变更层数叠加处理后即可获取行人发生楼层变更的层数。

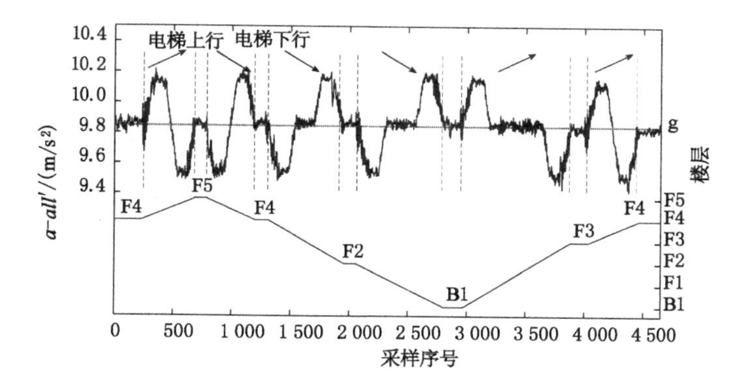

图 4-4　电梯上、下行过程中 a_all' 的变化特征

4.2　利用加速度计数据实现行人活动分类

通常，行人在多楼层室内环境中行走、上楼梯、下楼梯时，手持智能手机的三轴加速度计数值（Three-axis Accelerometer Data，TAAD）呈现出一定的周期性。取 TAAD 的合加速度模值记为总加速度（Total Acceleration Data，TAD），利用滤波后的 TAD 开展周期性划分，采用 PDR 定位中的步频探测方法[172]确定计步周期。HAR 算法中，训练阶段提取各计步周期的特征向量作为训练样本，运用机器学习的分类算法训练并提炼出分类模型；分类阶段将行人运动过程中提取的特征向量输入分类模型获取分类结果，进而知晓行人的活动类别[173]。本书主要目的是确定行人高度变化，进而解算出楼层变更的位置，而这些均依赖于行人的活动识别。因此，此处主要针对如下几种人体活动开展高精度活动分类试验：行走、上楼梯、下楼梯。

虽然 HAR 算法已较成熟且有好的表现，但特征向量的选取对分类精度有较大的影响。一般情况下，行人在多楼层环境中，水平维度主要是行走，垂直维度表现为上、下楼梯或乘电梯；其他多数时间是静止状态。针对非训练样本的其他小概率运动类别（简称他类运动），比如跑、跳、抖动等，HAR 算法无法正确判断。对此，结合既定三种运动 TAD 的总体特征提取划分阈值，通过阈值规避对他类运动的分类操作。同时，他类运动多发生在水平地面，由于安全问题上、下楼及乘电梯过程中他类运动几乎不会发生，故将他类运动状态统一归入行走状态。

具体的 HAR 算法流程如图 4-5 所示。

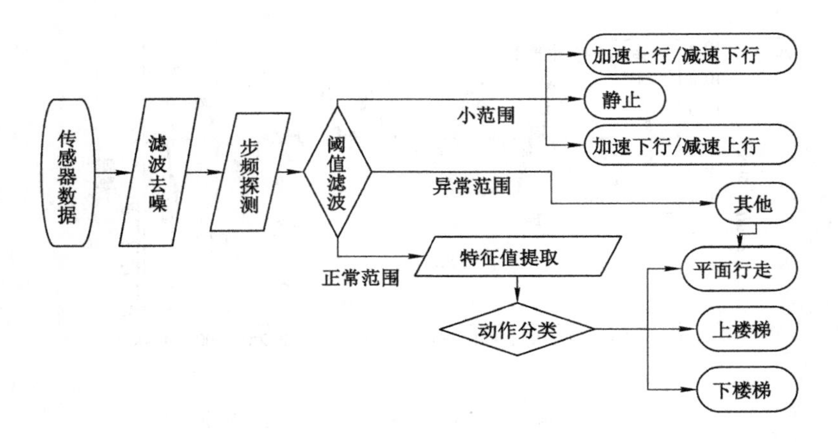

图 4-5　HAR 算法流程

根据 HAR 算法流程及相关说明，具体的 HAR 算法实现步骤介绍如下。

4.2.1　滤波

行人在移动过程中，智能手机加速度传感器产生的 TAAD（分别为 ax,ay,az）以 50 Hz 的频率输出，总加速度设为 a_all，见公式(4-1)。采用窗口为 9 的移动平均算法进行滤波，滤波后的 TAAD 与 a_all 分别设为 ax',ay',az' 和 a_all'。以 a_all' 为例，计算过程如式(4-2)所示。

$$a\_all_i = \sqrt{ax_i^2 + ay_i^2 + az_i^2} \tag{4-1}$$

$$\begin{cases} a\_all' = \sum(a\_all_{i-8} + a\_all_{i-7} + \cdots + a\_all_i)/9, & i \geqslant 9 \\ a\_all' = \sum(a\_all_1 + a\_all_2 + \cdots + a\_all_i)/i, & i < 9 \end{cases} \tag{4-2}$$

4.2.2　步频探测

用 a_all' 数据进行计步探测，结合数据的周期性规律，判断 a_all' 的变化规律是否满足一个周期即可记为一步。根据 a_all' 的上下波动特性，判定每个周期的峰值点，将其作为相邻周期的分界点，同时将峰值对应的索引变量设为 $step\_index$。针对行人静止时数据周期性不明显的情况，设定 a_all' 和时间阈值辅助判定。时间阈值的作用是过滤“伪峰值”。数据的采样频率为 50 Hz，1 s 内行人大约行走 1～3 步，设时间阈值为 50/3，取整即为 17。由于行人在静止或电梯上、下行状态时的 a_all' 数据没有明显的周期性特征，此时按照行人平均运动频率 avg_af 进行周期划分。若 a_all' 数据波动幅度范围很小，即假定一定阶段内 a_all' 的最大值小于行走、上楼梯和下楼梯所有峰值的下限，同时在上

一峰值后的 $50/avg\_af$ 样本内仍没有峰值出现，则记为一个周期。计步判定的总体逻辑如下：

Algorithm 1：Step Determination Algorithm

Input：filtered acceleration set A，average steps set avg_af in one second

Output：step_index

1	// Initialization：
2	Get the size of the acceleration set $N \leftarrow \text{size}(A)$
3	Set the peak lower limit $AP \leftarrow 10.1$
4	Set temporary value $temp \leftarrow 0$
5	Set sampling frequency $sf \leftarrow 50$
6	Calculate average frequency per step set $avg\_pf \leftarrow sf/avg\_af$
7	// Starting：
8	**for** $i=4:(N-3)$
9	**if** $A(i) \geqslant A(i+1) \& A(i) \geqslant A(i-1) \& A(i) \geqslant A(i+2) \& A(i) \geqslant A(i-2) \& A(i) \geqslant A(i+3) \& A(i) \geqslant A(i-3) \& A(i) \geqslant AP \& i-\max(step\_index) > avg\_pf$ **then**
10	$step\_index(temp) \leftarrow i$
11	$temp \leftarrow temp+1$
12	**elseif** $i-step\_index(temp-1) > avg\_pf \& \max(A(i-step_{index(temp-1)}:i)) < average(A(step\_index))$ **then**
13	// Step frequency division in stand still state.
14	$step\_index(temp) \leftarrow i$
15	$temp \leftarrow temp+1$
16	end
17	end

4.2.3　阈值滤波

行人在行走、上楼梯、下楼梯、乘电梯及静止状态时的 a_all' 数据具有一定的峰值范围，根据各类运动的数据峰值范围设定阈值可进行区分。通过对几种运动状态的滤波后传感器数据进行分析，发现静止、乘电梯状态的加速度数据波动最小，没有周期性体现，a_all' 范围集中在 10 m/s^2 附近，上下浮动小于 0.5 m/s^2。同时，电梯上、下行过程中，加速度数据会出现小幅度增加、回落、降低的过程时表示电梯上行，反之，则为电梯下行。此时计每一步的加速度均值为 avg_a_all'、次大值为 max_a_all'、次小值为 min_a_all'，假设所在地的重力加速度为 g，若连续 2 步内的 avg_a_all' 与 min_a_all' 均大于 g，则标记为电梯上行加速或下行减速；若连续 2 步内的 avg_a_all' 与 max_a_all' 均小于 g，则标记为电梯上行减速或下行加速。而行走、上下楼梯三种运动状态的 a_all' 取值范围比较接近，多数周期最大值在(10.5,16)范围内，最小值在(5,9)范围内。将每个波形周期内最大、最小值不在上述两个范围的数据周期代表的运动状态判定为他类运动。通过阈值滤波后的 a_all'，即将他类运动归类后剩下的可分类的运动数据称为 new_a_all。具体的数据处理逻辑见式(4-3)。

$$a\_all'=\begin{cases} lifting\_data,\text{if } a\_all'(step\_index(i-1):step\_index(i))\in(9.5,10.5) \\ other\_data,\text{if}\begin{cases}\max(a\_all'(step\_index(i-1):step\_index(i)))\notin(10.5,16)\\ \min(a\_all'(step\_index(i-1):step\_index(i)))\notin(5,9)\end{cases} \\ new\_a\_all,\text{other}\end{cases} \tag{4-3}$$

4.2.4 特征值选择与提取

由于频域特征运算复杂，不利于在智能手机上实时分类[154]。参考相关文献[151,174]，以及针对 new_a_all 自身周期性的曲线特性，并增加滤波后的气压传感器数据，共提出 31 类数据特征作为时域特征向量。其中，前 28 类特征向量主要分布在滤波前后的三轴加速度以及总加速度数据等 7 个维度，包括气压特征在内共生成了 91 个特征向量。若智能手机中没有气压传感器，则选取前 88 个特征向量进行活动分类。活动分类提取的 31 类特征向量见表 4-1。

表 4-1　活动分类提取的 31 类特征向量

ID	特征	ax	ay	az	ax'	ay'	az'	a_all	气压
1	均值				F_1	F_2	F_3	F_{84}	
2	[mean(az)－mean(ay)]/[mean(ay)－mean(ax)]	F_4							
3	标准差	F_5	F_6	F_7	F_8	F_9	F_{10}	F_{83}	
4	最大值						F_{11}	F_{85}	
5	最小值						F_{12}	F_{86}	
6	最大最小值差						F_{13}	F_{87}	

表 4-1(续)

ID	特征	ax	ay	az	ax'	ay'	az'	a_all	气压
7	最大最小值斜率					F_{14},F_{17}	F_{17}	F_{88}	
8	单周期内最大最小值斜率					F_{15}			
9	最大最小值的位置是否相同	F_{16}	F_{19}	F_{16},F_{19}					
10	波形积分百分比						F_{18}		
11	波峰数				F_{20}	F_{21}			
12	升序间隔数				F_{22}	F_{28}	F_{34}		
13	下降间隔数				F_{23}	F_{29}	F_{35}		
14	每个区间的平均增长				F_{24}	F_{30}	F_{36}		
15	每个区间的平均下降				F_{25}	F_{31}	F_{37}		
16	每个间隔的最大增加				F_{26}	F_{32}	F_{38}		
17	每个区间的最大下降				F_{27}	F_{33}	F_{39}		
18	中位数				F_{40}	F_{41}	F_{42}	F_{73}	
19	相关系数				F_{43},F_{44}	F_{45},F_{44}	F_{43},F_{45}		
20	第一分位数				F_{46}	F_{47}	F_{48}	F_{74}	
21	第三分位数				F_{49}	F_{50}	F_{51}	F_{75}	
22	四分位数偏差				F_{52}	F_{53}	F_{54}	F_{76}	
23	变异系数				F_{55}	F_{56}	F_{57}	F_{77}	
24	偏度系数				F_{58}	F_{59}	F_{60}	F_{78}	
25	峰度系数				F_{61}	F_{62}	F_{63}	F_{79}	
26	中值绝对偏差				F_{64}	F_{65}	F_{66}	F_{80}	
27	调和平均值				F_{67}	F_{68}	F_{69}	F_{81}	
28	一阶导数和				F_{70}	F_{71}	F_{72}	F_{82}	
29	单周期气压差								F_{89}
30	两周期气压差								F_{90}
31	三周期气压差								F_{91}

4.2.5　分类算法选择

由于机器学习算法种类繁多,不同算法均有不错的表现,目前已有大量的研究对各类算法进行了提升与改进，且分类效果较好。通过试验发现，特征向量的选取对分类精度的影响很大，此处重点研究特征向量的选取。在对上、下楼梯和平面行走等运动状态分类的过程中，气压数据具有明显的特征，分类精度已很高。为使所有智能手机都能完成高精度分类，选择 88 个无气压的特征向量，并选择不同的机器学习算法进行分类，将精度最高的分类算法用于活动识别。训练过程中，采用了 MATLAB 软件自带的“Classification Learner”分类工具箱和机器学习软件 WEKA 做了大量的分类性能比较，选择的机器学习分类算法有贝叶斯算法、支持向量机（SVM）算法、决策树算法、随机森林算法等，不同的算法优势不同，分类结果也略有差别（如图 4-6 所示）。将大量的训练数据分类并进行精度对比，发现分类精度最高的算法是 SVM 算法，因此选择 SVM 算法作为在线阶段的活动分类算法。

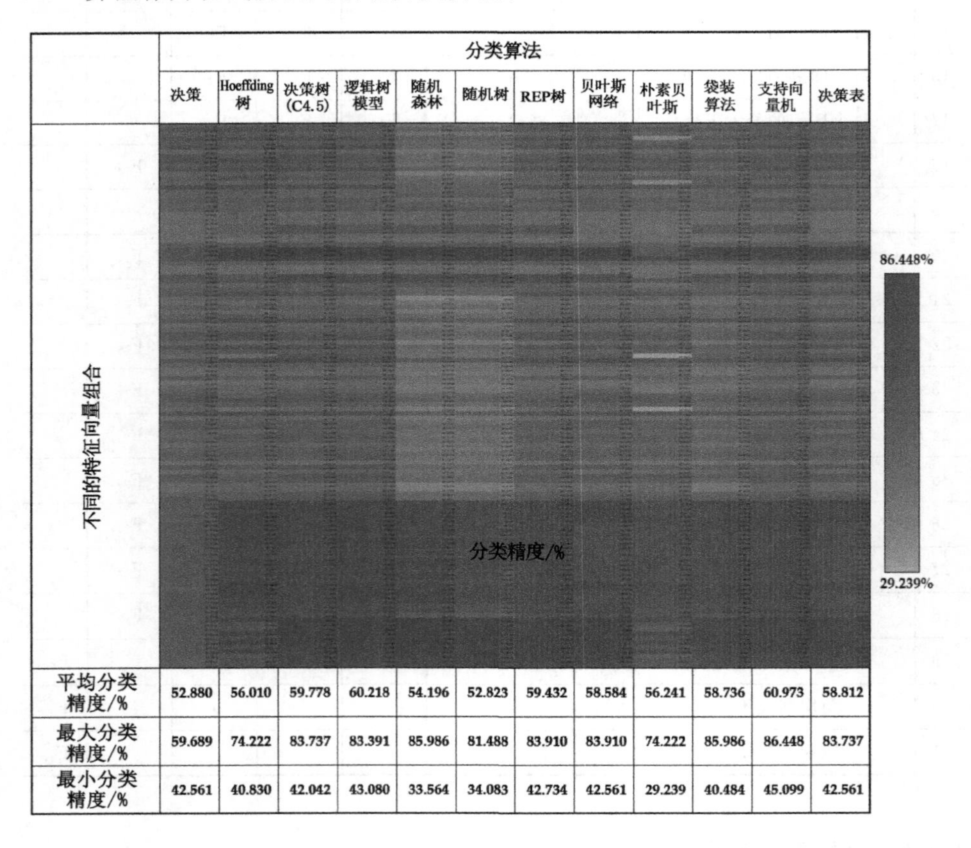

	决策	Hoeffding树	决策树(C4.5)	逻辑树模型	随机森林	随机树	REP树	贝叶斯网络	朴素贝叶斯	袋装算法	支持向量机	决策表
平均分类精度/%	52.880	56.010	59.778	60.218	54.196	52.823	59.432	58.584	56.241	58.736	60.973	58.812
最大分类精度/%	59.689	74.222	83.737	83.391	85.986	81.488	83.910	83.910	74.222	85.986	86.448	83.737
最小分类精度/%	42.561	40.830	42.042	43.080	33.564	34.083	42.734	42.561	29.239	40.484	45.099	42.561

图 4-6　不同分类算法与特征向量组合的结果测试

4.3　行人活动分类试验及结果分析

4.3.1　分类算法与特征向量的选取情况

在分类算法和特征向量组合的选择过程中，发现特征向量对分类性能的影响更大。采用多种分类算法，同时选择 88 个(不包含气压数据)特征向量及其中部分子向量的组合对十万条已知类型样本数据进行了分类训练与结果对比。如图 4-6 所示，我们选择了十多种机器学习分类算法，包括决策树(C4.5)、逻辑模型树(LMT)、随机森林、贝叶斯、支持向量机(SVM)等。在约 1 500 次的分类试验中发现 88 个全特征向量的准确度达到最高。图中，列代表不同的分类算法，灰色区域的行代表所选特征的不同组合。灰色梯度用于表示分类精度的差异，颜色越深意味着分类精度越高。图中数据表明，当使用相同的分类算法时，由于选择了不同的特征向量组合，分类准确率的平均差异约为 43%；当使用相同的特征向量组合时，不同分类算法的分类准确率平均相差 13%左右。从图中还可以看出，特征向量对分类精度的影响较大，加入过滤数据的特征值可以有效去除噪声，提高分类精度。最后三行数据分别显示了每种算法的平均、最大和最小分类精度。通过比较不同分类算法的分类精度，发现分类精度最高的算法是 SVM，因此选择 SVM 算法进行楼层定位阶段的实时活动分类。

特征向量的选择对分类精度的影响更大。为减少计算量并提高分类速度，利用主成分分析法(PCA)将 88 个特征向量压缩成 18 个特征向量进行实时阶段的活动分类。

4.3.2　基于 SVM 算法的行人活动分类结果

SVM 算法是机器学习分类算法中比较经典的一种算法，该算法可较好地解决非线性、局部极小点等问题，且在文本、人脸、图像和语音识别等方面均表现优异。活动分类主要用于区分行人平面行走、上楼梯、下楼梯等三种运动。分别在不同时间段采集了上述三种活动类型的超 10 万条数据的 TAAD，对应步数为 4 200 多步，与多数活动分类试验相似，采用十折交叉验证法评测分类模型的准确率。分类模型训练好之后，运用 274 步运动数据进行分类，结果如下：选择无气压特征的 88 个特征向量的分类精度(适用于所有智能手机)高达 97.4%；选择有气压特征的 91 个特征向量的分类精度高达 99.38%。

4.4 基于活动类别的楼层变更检测方案

楼层识别通过楼层变更检测实现，楼层变更检测的总体流程是：在行人每一步活动分类的基础上进行分情况处理，参照楼层阶梯库处理每一步的运动数据并保存，在一定条件下开展楼层变更判断，最终结合上一楼层或初始楼层位置输出每一步的楼层位置。

楼层变更检测过程主要有离线和在线两个阶段，离线阶段对目标室内多楼层结构开展楼梯等技术参数的调研，包括每层楼向上的楼梯数、楼层平台数、平台位置、楼层高度等，并将这些信息保存至楼层阶梯库（Reference Floor，RF），其中 RF 数据实例见表 4-2。

表 4-2 RF 数据实例

楼层号 (*F_id*)	阶梯数 (*step_num*)	平台数 (*PF_num*)	平台位置 (*PF_rate*)	电梯 (*if_EL*)	平台步数 (*PF_steps*)	层高/m (*floor_h*)
B1	34	2	0.2,0.6	有	4,5	5
F1	34	1	0.5	有	4	5
F2	28	1	0.5	有	4	4
F3	28	1	0.5	有	4	4
F4	28	1	0.5	有	4	4
F5	0	0	—	—	—	4

多楼层空间中若有电梯，则需预先记录电梯上、下行的参数，记为电梯上、下行数据参考表（Elevator Technical Reference Form，ETRF），主要记录电梯运行过程中的高度差与运行时间的关系。关系式通过大量的电梯上、下行过程的时间与高差数据记录获得，结果见式(4-4)，拟合函数对应的 $R^2=0.9964$。其中，电梯运行的高度与时间的关系如图 4-7 所示。此外，两者关系在不同的电梯运行高度时会有变化，运行高度与时间的关系可以根据实际情况训练得出。在楼层切换过程中，还需各楼层高度数据（见表 4-3）。实时判定阶段可根据电梯运行时间获取高差，结合初始楼层位置及楼层高度数据表进行递推，可得出新的楼层位置。

$$\text{高度}=1.0405\times\text{时间}-3.2995 \tag{4-4}$$

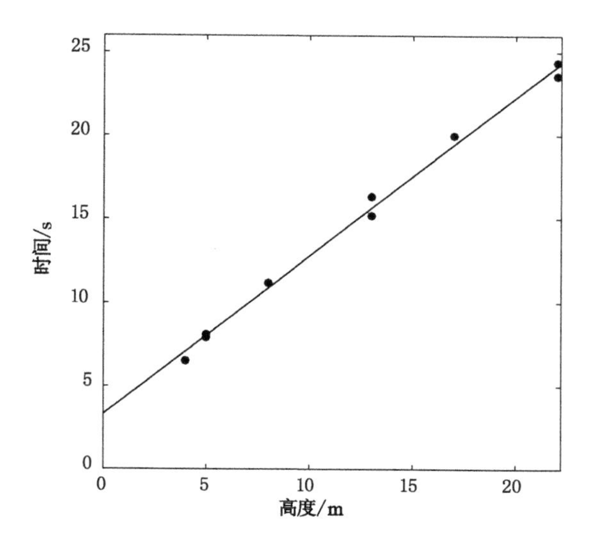

图 4-7　电梯运行高差与时间的关系

表 4-3　楼层高度数据表

序号	楼层号	层高/m
1	B1	5
2	F1	5
3	F2	4
4	F3	4
5	F4	4
6	F5	4

在线阶段建立行人活动状态临时辅助表(见表 4-4),该表用于保存行人运动过程中不同状态的阶段性历史数据并辅助中间过程进行逻辑判断。

表 4-4　行人活动状态临时辅助表

时间	上下楼程度 (*up_down_rate*)	上楼梯数 (*up_steps*)	下楼梯数 (*down_steps*)	静止数 (*stay_steps*)	平面步数 (*walk_steps*)
14:00:01	1/34	1	0	0	0
14:00:01	2/34	2	0	0	0
		…			

表 4-4(续)

时间	上下楼程度 (*up_down_rate*)	上楼梯数 (*up_steps*)	下楼梯数 (*down_steps*)	静止数 (*stay_steps*)	平面步数 (*walk_steps*)
14:00:09	17/34	17	0	0	2
…					
14:00:19	34/34	34	0	0	0
…	…	…	…	…	…

在线阶段的楼层变更检测方法流程如图 4-8 所示。通过算法 1 或者外部输入获取初始楼层并将楼层位置输入算法 5;算法 2 将每一步的 TAAD 进行计算并分类得出行人活动类别;算法 3.1 至算法 3.4 分别根据行人不同的活动类别将相应指标做递增或递减运算;算法 4 根据运动状态并参考楼梯状态表进行楼层变更状态更新;最后通过算法 5 计算楼层的实时位置并更新,作为下一步活动的输入。如此循环计算可实现长时间的楼层变更检测及楼层位置推算。

(1) 算法 1:初始楼层位置获取。根据所在多楼层室内环境的结构及无线信号的布设情况,选择合适的无线信号类型及初始楼层识别算法,获取高精度初始楼层位置;也可通过外部输入获取初始楼层位置,并输入算法 5,实时更新楼层位置。

(2) 算法 2:HAR 算法。HAR 算法流程见第 2 章,输入 TAAD 即可得出行人活动分类的结果,并将活动类别作为算法 3.1 至算法 3.4 的激活信号。即若行人活动状态为上楼梯,则执行算法 3.1;若行人活动状态为下楼梯,则执行算法 3.2;若行人活动状态为平面行走,则执行算法 3.3;若行人活动状态为静止,则执行算法 3.4。其中,对电梯上、下行过程的处理包含在算法 3.4 中。

(3) 算法 3.1:上楼梯算法。先判断 RF 中用户位置是否在最高层,若是,则将算法 2 结果的上楼梯状态更正为平面行走,并转至算法 3.3。若不在最高层,即从表 4-2 中获取当前楼层的阶梯数 *step_num*,计算出楼层阶梯递推值 $f\_rate = 1/step\_num$。更新表 4-4 中的时间,其他字段值做如下处理:*up_down_rate* 原基础上增加 *f_rate*,将 *up_steps* 增加 1;如果 $up\_steps \leqslant 3$,则 *down_steps*,*stay_steps*,*walk_steps* 三字段值不变;如果 $up\_steps > 3$,则 *down_steps*,*stay_steps*,*walk_steps* 三字段值归零。

(4) 算法 3.2:下楼梯算法。先判断 RF 表中用户位置是否是最低层,若是,则将算法 2 结果的下楼梯状态更正为平面行走,并转至算法 3.3。如果不是在最低层,则从 RF 表中获取当前楼层阶梯数 *step_num*,并计算出楼层阶梯递推值 $f\_rate = 1/step\_num$。更新表 4-4 中的时间,其他字段值做如下处理:

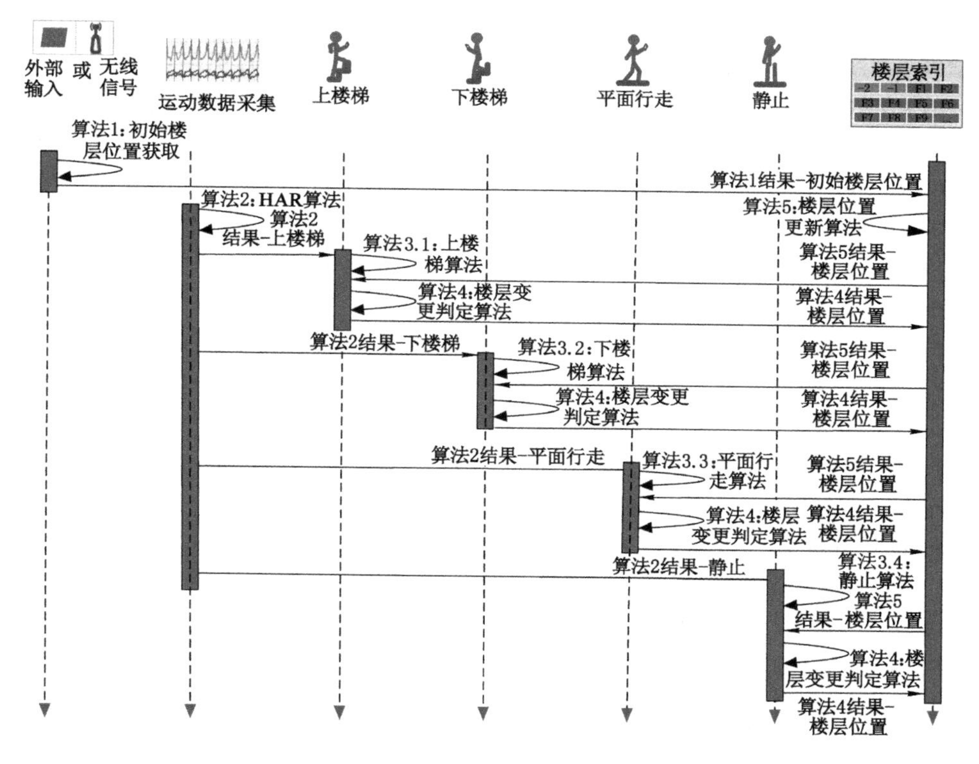

图 4-8　楼层变更检测方法流程图

up_down_rate 在原基础上减少 *f_rate*，将 *down_steps* 增加 1；如果 *down_steps*≤3，则 *up_steps*，*stay_steps*，*walk_steps* 三字段值不变；如果 *down_steps*>3，则 *up_steps*，*stay_steps*，*walk_steps* 三字段值归零。

(5) 算法 3.3：平面行走算法。平面行走过程分两种情况分析。第一，可能处在上下楼梯的平台，如果表 4-4 中 *up_down_rate* 接近平台处的阶梯变化率(即表 4-2 中的平台位置 *PF_rate*)，说明行人正在上下楼梯的过程中，同时判断 *walk_steps* 值是否在表 4-2 中 *PF_steps* 的合理范围内：如果是，则将表 4-4 中 *walk_steps* 增加 1；如果不是，判断表 4-4 中 *down_steps* 和 *up_steps* 哪个数大于零，则将运动状态判定为哪种类型，同时将算法跳转至对应的 3.1 算法或 3.2 算法进行处理。第二，可能在水平面行走，将表 4-4 中的时间更新，将 *walk_steps*+1。然后判断如果 *walk_steps*>3 并且 *up_steps*+*down_steps*>3 时，则开始执行算法 4。

(6) 算法 3.4:静止算法。该算法分两种情况处理:第一,行人在上、下楼梯或平面行走过程中改为静止状态。此时,表 4-4 只将时间更新和 *stay_steps* 递增即可。第二,行人在电梯上、下行过程中 a_all' 出现一定的规律,a_all' 先出现持续约 2 s 向上(或向下)的加速后,恢复至相对静止状态若干秒时间,再出现约 2 s 向上(或向下)的减速过程。记录整个加速—静止—减速过程的起止时间为 *start_end_time*,将 *start_end_time* 与 ETRF 表中的字段 S_E_time(S_E_time 表示电梯每段的运行起止时间)配比,获取电梯上行或下行的高差 Δh,并将 Δh 输入算法 5 更新楼层位置。同时,将表 4-4 中 *up_steps*,*down_steps*,*walk_steps* 三个字段值重置为零。

(7) 算法 4:楼层变更判定算法。该算法用于定位行人在上下楼梯过程中垂直方向的大体位置。比如行人在上楼梯时,表 4-4 中的 *up_down_rate* 为 0.5,算法 5 的结果是 F4 楼,说明用户处在 F4 与 F5 之间楼梯的中间位置,同时可将用户的垂直位置在地图中展示出来。若表 4-4 中 *up_down_rate* 的值接近 0 或±1,本算法可以执行。此时判断 *up_down_rate* 是否接近 0 或±1,若接近 0,则将其重置为 0,说明行人没有发生楼层变更;若接近±1,说明用户刚完成上、下楼梯的过程,则执行算法 5,同时将表 4-4 中的 *up_steps*,*stay_steps*,*down_steps* 三个字段值归零;如果上述数据值不接近 0 或±1,说明用户还在上、下楼梯过程中,此时不做任何处理。

(8) 算法 5:楼层位置更新算法。该算法用于记录当前用户所在楼层。算法 1 输入的楼层值直接获取并更新当前楼层结果即可。算法 3.4 的输入值为相对高差 Δh,获取当前楼层 F_last,并关联楼层阶梯库 RF 中与 F_last 相邻的 f 个楼层的层高汇总值 h_sum,若 h_sum 最接近于 Δh,则楼层位置更新为 $F\_last = F\_last + f$。算法 4 的输入值是上、下楼梯之后的处理,此时判断表 4-4 中的 *up_down_rate* 的值是否接近 1 或者 −1,若接近 1,则将楼层位置增加一层,反之则降低一层,可得出实时的楼层位置结果,同时将表 4-4 中的 *up_down_rate* 的值重置为 0,便于各算法之间的无缝衔接运行。

综上所述,所有子算法按照图 4-8 的逻辑进行楼层位置解算,即结合行人活动类别进行每一步的状态与垂直位置解算,最后通过相对楼层变更或阈值判断得出实时的楼层位置。总体来说,在行人每一活动周期之后,都会由相应的算法进行处理,比如程度值增减、阈值判定、分析及楼层位置确定等,通过各算法之间的协同合作,实时解算楼层位置。

4.5　楼层变更检测试验与结果分析

4.5.1　试验环境介绍

行人活动分类和基于活动分类的楼层变更检测试验在中国矿业大学环测学院的五层办公楼开展，具体试验场环境如图 2-3 所示。此外，整栋楼有 1 部电梯，4 个楼梯，其中车库和一楼层高为 5 m，其他楼层的层高为 4 m，试验场部分环境如图 4-9 所示。

图 4-9　多楼层变更检测试验场环境

4.5.2　连续错判步数与楼层变更检测容错性分析

在楼层变更检测方案中，设定了几个阈值。比如，表 4-4 中的水平行走步数 $walk\_steps$ 超过 3 步，且上下楼层步数总和 $up\_steps+down\_steps$ 大于 3 步时，判定为行人楼层切换成功，同时激活算法 5。此判定逻辑中的 3 步阈值主要是由行人活动分类结果的连续错判步数决定的。通过对大量的行人活动开展分类试验，发现多数活动连续错判步数为 1 步，极少数为 2 步，最多为 3 步，因此在方案中多采用 3 步阈值，可提升整体方案的容错性。行人在多楼层环境的运动过程中，通过大量的训练得出的分类模型与实际运动已具有较高的符合度，如 97.4%的分类精度。误分类现象的发生概率极小，约为 3.6%，误分类步数的连续程度决定了该方案中的阈值。

在多楼层环境中进行了大量的平面行走、上楼梯、下楼梯活动，采集 TAAD 数据量约 8.9 万条，总计步数约 3 500 步，此部分运动的 HAR 分类精度为 96.4%，涉及误判步数 125 步。针对 125 步中的连续步数情况进行了统计，如图 4-10 所示，可以看到错判步数中约 80%为单步步态结果误判，极少数为连续 3 步步态结果误判，连续 4 步及以上的误判概率为 0。因此，楼层变更检测方案中的 3 步阈值法设定较为合理。

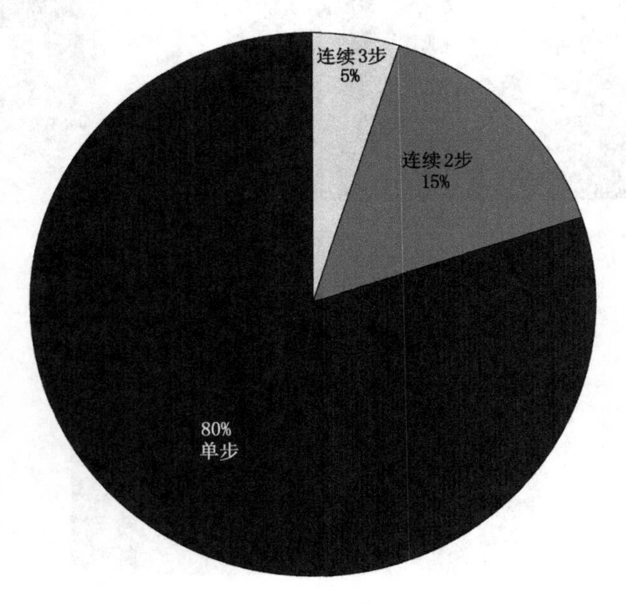

图 4-10　行人误分类步数分布与连续误判统计情况

4.5.3　基于 Wi-Fi 信号与基于 HAR 方法的楼层识别效果对比

在试验场的 3 楼，沿走廊行走一趟，以 1 Hz 频率采集 Wi-Fi 信号的同时以 50 Hz 频率采集 TAAD，并基于两种数据进行楼层判定，基于 Wi-Fi 信号和基于 HAR 的楼层识别方法的楼层识别结果如图 4-11 所示。其中，基于 Wi-Fi 信号的楼层识别方法参照区间置信度楼层识别方法，从图 4-11(a)中可以看出，在行人行走过程中，Wi-Fi 信号的整体楼层识别精度比较理想，经计算定位精度约为 92%。但在个别区域小段距离(如虚线框)的楼层位置发生连续误判。由此可见，基于 Wi-Fi 信号的楼层识别方法不够稳定，定位过程中楼层位置有可能发生突变。从图 4-11(b)中可以看出，行人在 3 层走廊行走过程中，由于行走特性不易改变，行走时的 170 多步均被判定为“平面行走”，活动分类和楼层结果不受室内环境的影响。即使是偶尔出现活动状态误判，比如“平面行走”状态被判定为“上楼”或“下楼”，也会经过本章的楼层变更识别算法将楼层结果保持在 F3 层。从图中还可以看出，基于行人活动分类的楼层识别算法，不会出现楼层结果“跳变”的现象，定位效果较稳定。

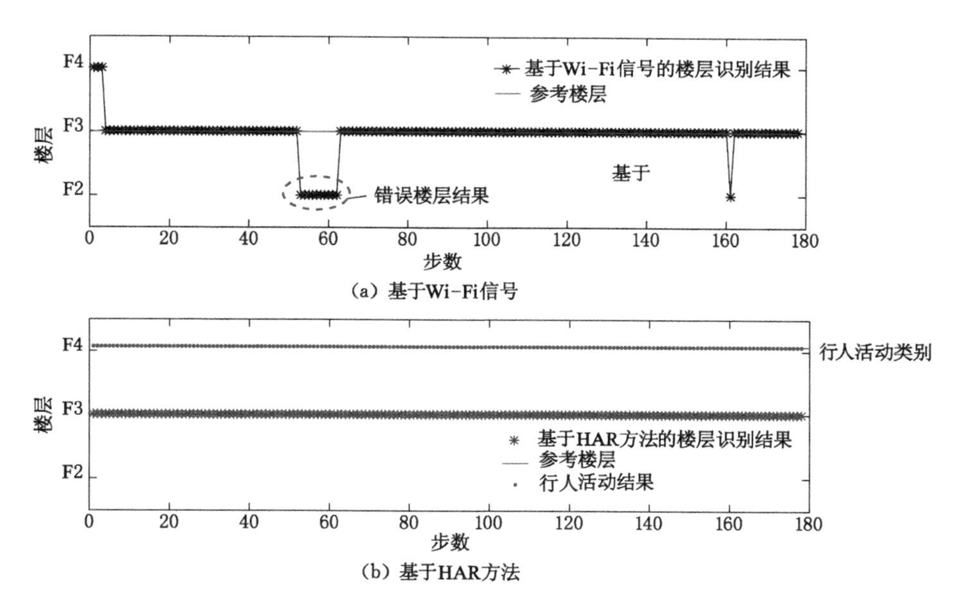

图 4-11　基于 Wi-Fi 信号与基于 HAR 方法的楼层识别结果

4.5.4　上、下楼梯时静止状态的楼层识别效果对比

用户在上、下楼梯的过程中可能出现静止状态，体现在思考问题、抽烟、语音通话、视频通话等活动中，因此有必要考虑用户在楼梯间的静止状态对楼层位置解算方法的影响。正常情况下，在温湿度环境变化较快时，基于非基站的气压楼层识别方法很可能会失效。因此，作者利用多种活动类别开展与楼层变

更有关的试验，并在上、下楼梯过程中存在约 15 min 的静止状态；同时，选择了两种基于气压的非基站楼层识别方法与楼层变更检测方法进行了对比，其中，基于气压的非基站楼层识别方法选择文献[87]中的 BPFI 气压楼层识别方法和通用的利用气压推断高差的方法推断楼层位置，具体结果如图 4-12 所示。其中，图中(a)部分展示了试验人员在活动中获取的气压值；图 4-12 中(b)部分表示对应的活动类别，其中黑色活动表示试验人员在 2～3 楼中间平台约 15 min 的静止情况；图 4-12 中(c)部分表示实际楼层位置及三种楼层识别方法的识别结果。从图 4-12 中(c)部分可以看出，基于 HAR 的楼层识别方法(本章所称“所提方法”均指此方法)不受行人静止状态的影响，而基于气压的非基站楼层识别方法容易发生楼层误判。

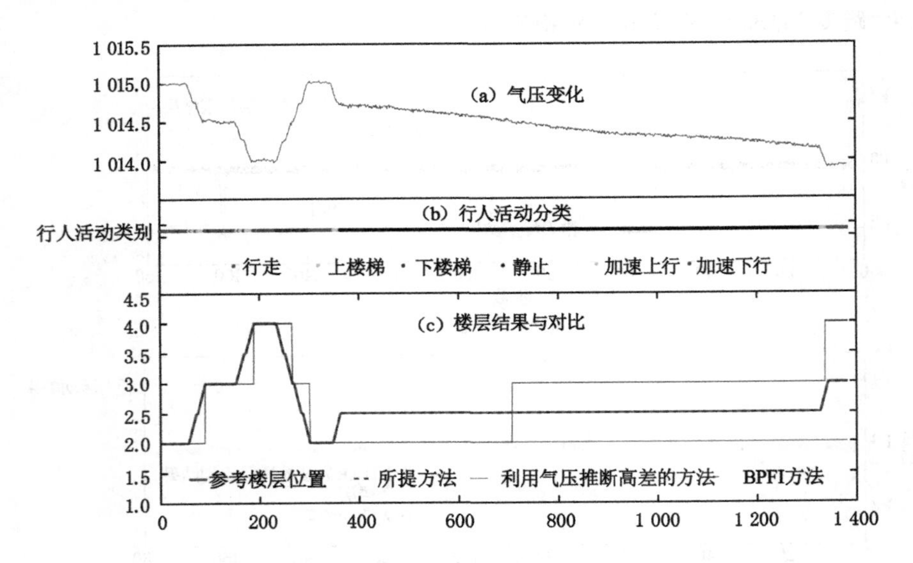

图 4-12　楼层变更检测方法与基于气压的非基站楼层识别方法的比较

4.5.5　多运动状态下楼层识别结果分析

在多楼层环境中，利用行人在一定时间段内的活动(平面行走、上楼梯、下楼梯、静止、电梯上行、电梯下行等)数据，并通过图 4-8 中的楼层变更检测方法计算出行人每一步所处的楼层位置，具体结果如图 4-13 所示，其中，x 轴表示行人运动步数，y 轴下段刻度表示楼层数，最上面一行刻度表示行人每一步对应的活动类别。从图 4-13 中可以看出：中间偶尔出现的个别不同颜色的圆点表示 HAR 方法的误判，与计算出的楼层结果(黑色曲线)中的“突起”位置一致；下面的两条折线中黑色代表算法结果，灰色表示实际楼层位置。从活动类别数据中，可逐步推导出行人的垂直位置，即黑色折线。由图 4-13 还可看出，即使行人在运动过程中出现一定的误判，楼层变更检测方法仍能在正确运动类别出现后及时纠正。由此可见，所提算法具有一定的容错性，且总体楼层变更判定精度较高。

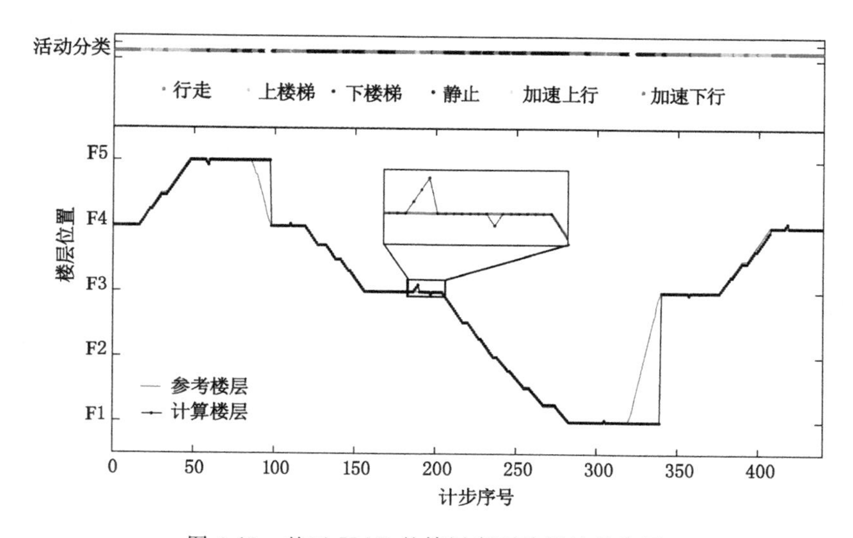

图 4-13　基于 HAR 的楼层变更检测效果验证

此外，从图 4-13 中还可推断出，只要 HAR 算法持续保持 92%以上的精度且连续误判步数控制在 3 步以内，基于行人活动分类的楼层变更检测方法可持续保持高精度的楼层变更检测性能。

4.5.6　楼层变更检测试验总结与分析

所提方法楼层变更检测精度较理想，实时性较高。不过，在实际应用中还需要进一步考虑其他方面的因素。在保证 HAR 精度和连续误判步数控制在阈值范围内的基础上，对于多个行人以及智能手机在不同位置的情况，可通过进一步的样本训练提取相同甚至更高精度的分类模型，或者可以通过设置一定的选项（比如：不同行人可选择身高，不同位置可选择打电话模式、裤兜模式、腰部或脚踝位置等），以此来确保 HAR 精度。一旦 HAR 精度得以保证，所提方法即可实现高精度的楼层识别效果。如果出现连续 4 步或更多的步态误判，可通过加大 HAR 分类算法的训练样本量或优化分类算法等方式提升分类模型的精度，进而确保楼层变更检测方法的性能。

4.6 本章小结

本章提出了一种利用行人活动分类结果与楼梯地标参数结合的实时检测楼层变更的方法，借助初始值实时解算楼层位置的解决方案，有效弥补了多径效应引起的无线信号识别楼层结果不稳定的不足。行人活动分类过程中选择了91个特征向量运用SVM算法进行分类，区分平面行走、上楼梯、下楼梯的精度高达99.38%；在没有气压计的智能手机中选择88个特征向量的分类精度仍能保持在97.4%，保障了楼层变更识别检测方法的有效性。在多楼层环境中，通过行人的一系列复杂运动展开测试验证，并与实际楼层位置比较。结果发现，该方法能够实时高精度地识别出楼层位置的相应变化，并结合初始值及时推算出楼层位置，精度高，实时性好。且在HAR算法出现连续3步误判的情况下，仍能及时修正，具有较好的活动误分类容错性。该方法对室内多楼层环境不敏感，在无气压计的情况下仍可检测出电梯运行过程中的楼层变化，同时允许行人在上、下楼梯过程中出现往返、静止行为，普适性高。

第 5 章　基于无线信号与 HAR 融合的多场景楼层位置解算

在现实多楼层环境中，内部空间结构多种多样，楼层层板的布局不同，导致单一的楼层识别方法难以胜任。基于 Wi-Fi、蓝牙等无线信号的楼层识别方法虽然精度高，可单独实现，但稳定性不够；基于 HAR 的楼层变更检测方法相对精度高，稳定性好，但无法单独实现。基于无线信号和 HAR 两种楼层识别方法的相互融合可提升楼层识别性能。针对现实多楼层环境中的多种场景及内部空间结构，提出合适的楼层识别融合方案；通过对现实多楼层内部结构的列举与分析，提出针对不同结构的混合无线信号初始/定点楼层识别方案，以及基于无线信号的楼层识别与基于 HAR 的楼层变更检测的融合方案；最后评估楼层识别对室内定位的影响。

5.1　多楼层内部空间结构分析

为了充分分析混合楼层识别方法，本节针对现实环境中的多楼层内部结构以及可能的楼层识别场景进行深入分析，最终实现各种结构及场景条件下的楼层位置解算，与一定时段内稳定的楼层位置结果。重点关注多楼层内部楼层层板的覆盖比例情况，并以此开展分类讨论。针对多楼层内部结构，主要分如下三种情况进行论述：① 大面积多楼层室内部分区域具有中庭空间结构，即一部分区域具有楼层层板覆盖，另一部分区域具有中庭空间，此种结构主要针对整体楼宇单层面积较大的情景，比如购物广场；② 单层面积较小，所有楼层层板结构相同；③ 单层楼的层板结构单一，不同楼层层板结构不同。

5.1.1　单层板结构

对于楼层层板结构单一的多楼层室内环境，直接采用各自合适的基于无线信号的楼层识别算法即可。比如：全部楼层大部分面积是中庭空间结构（参见图 2-9），此时采用 FPTAWF 进行楼层识别；如果全部楼层均由完整的楼层层板隔开（参见图 2-2），即具有全楼层层板结构，此时直接采用 FIMSCI 定位楼层。

其中全楼层层板结构的多楼层建筑主要集中在居民楼、办公楼等区域，分布较为广泛。

5.1.2 跨楼层复合层板结构

在多层建筑环境中，此类结构体现在不同楼层的楼层层板结构不同，需要选择不同结构且各自适合的楼层识别方法。此类结构的楼层也较为常见，比如低层 1～4 层为中庭空间结构，5 层以上为全楼层层板结构，文献[87]中的新中关购物中心即是此类结构。此类空间结构的多楼层主要分布在购物、办公一体化的多楼层场所，通常底层占地面积较大，具有中庭空间结构，高层占地面积较小，且通常具有全楼层层板结构。复合层板结构——苏宁广场如图 5-1 所示。

图 5-1 复合层板结构——苏宁广场

5.1.3 单楼层大面积复合层板结构

此类结构的室内面积一般较大，可同时容纳两种结构，此处以资源楼 L1 为例进行说明，如图 5-2 所示。资源楼 L1 在其 1～4 层中有两处中庭空间结构，在 3 层和 5 层处 *D* 点附近有另一中庭空间，其他位置处均由楼层层板覆盖。这种结构很普遍，几乎遍布各大中型购物商场。很多火车站进站口与候车厅也是如此，进站口区域是中庭空间结构，候车室区域是全楼层层板结构。

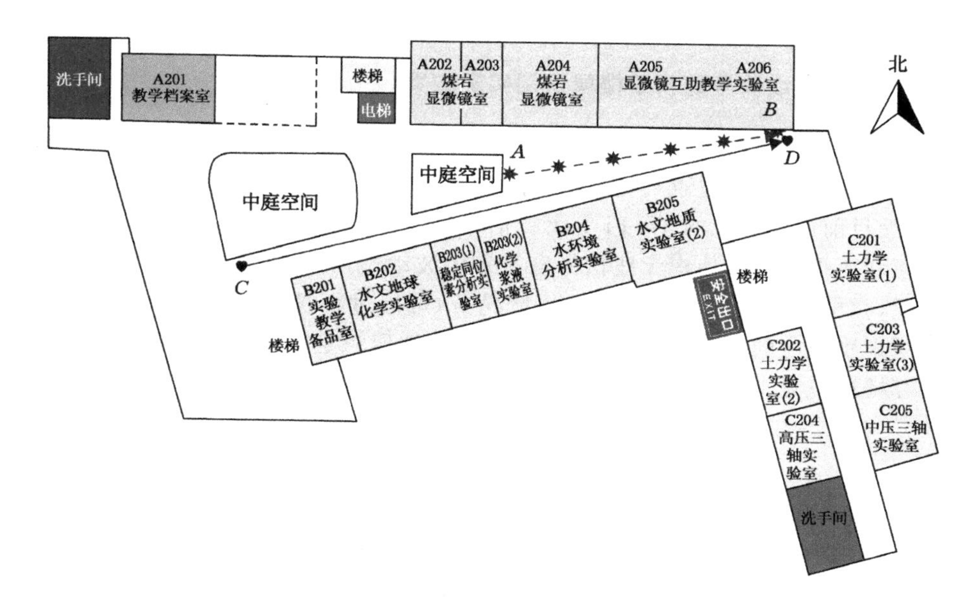

图 5-2　大面积室内混合楼层结构布局示例(资源楼 L1)

除楼层层板之外,还有其他建筑因素对无线信号产生影响,比如楼层层板的厚度、中庭空间边缘墙壁高度、建筑材料等。通过对无线信号的传播特性进行分析后发现,在部分中庭空间结构中,无线信号到达其他楼层时仍然发生了较大程度的衰减,使得不同楼层之间无线信号的相似度较低,此类情况即使不依赖 AP 布设信息,楼层识别效果依然较好。相反,部分具有全楼层层板结构的多楼层建筑,由于层板较薄、建筑材料、墙壁厚度等原因,仍会出现无线信号传播特性与中庭空间环境类似的特点,此时对楼层识别方法的选择仍需考虑融合 AP 的布设。基于两种无线信号楼层识别方法可以看出,自适应加权融合方法是对区间置信度方法的增强,两种方法的融合过程很简单,只需检查 AP 楼层位置库中是否有与测试信号一致的 AP 即可。

5.2　多场景楼层识别方案与分析

通过对多楼层内部空间结构的分析可以看出,现实环境中多楼层结构主要分为楼层层板与中庭空间结构两种。除了多楼层内部的空间结构,还需要考虑现实的多楼层环境中用户申请室内定位及楼层识别时的环境条件或上下文的关联情景。此处主要分如下 2 个场景展开讨论:单点楼层识别(或初始楼层识别)和长时间楼层位置检测。

5.2.1 基于无线信号的初始楼层识别实现方案

用户在任何时刻都可能提出楼层识别的请求,此时智能手机无法通过行人的运动信息推断楼层位置,只能选择无线信号识别楼层。无论处于哪种空间结构,借助目前广泛普及的 Wi-Fi 等无线信号,几乎达到随时随地可获取的程度,非常便利。多径效应使得无线信号容易发生波动性,为了获取准确度较高的楼层位置,在楼层识别环境不够理想的情况下,可通过牺牲初始化的时间达到提升楼层识别精度的效果。结合多种情况,初始楼层识别方法可通过图 5-3 实施并解算楼层位置。

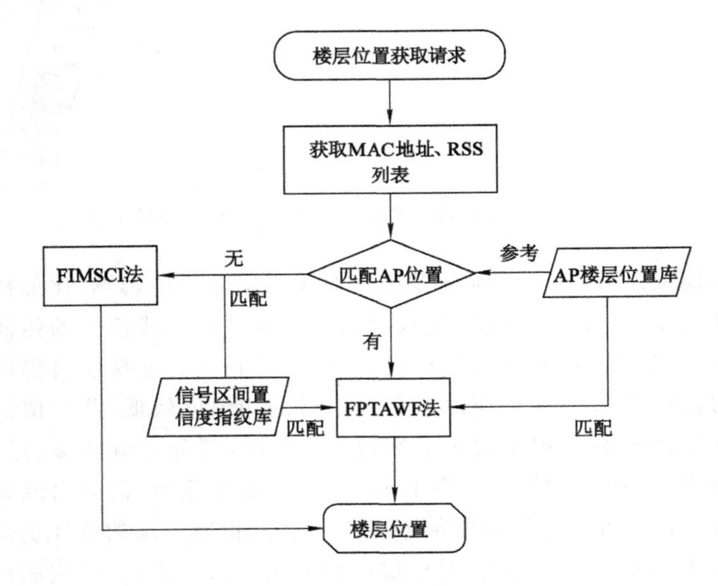

图 5-3 基于无线信号的初始楼层识别方法的确定步骤

从第 3 章的基于无线信号的两种楼层识别方法可以看出,FPTAWF 方法是对 FIMSCI 方法的增强,在多楼层环境中,两种方法可有效切换,无须深入考虑两种方法的融合策略。此外,除了图 5-3 的初始楼层识别方法的确定步骤,在部分室内空间环境中,还可以通过设置一定的信号条件判断楼层结构,进而实现楼层识别方法的选择。比如在中庭空间环境中,某 AP 信号传播较为广泛,可在中庭空间的任何位置获取该 AP 的信号值,但在具有全楼层层板结构的其他楼层采集不到此 AP 的信号数据,通过将该 AP 信号作为选择楼层识别方法的判断条件即可实现较好的楼层识别效果。

任何基于无线信号的室内定位或楼层识别方法均需要开展大量的调研工作，比如基于指纹方法的指纹库采集与创建、非指纹方法中 AP 位置的获取、楼层结构信息采集等。基于无线信号与 HAR 的楼层识别融合方法（本章所称“所提方法”均指此方法）也同样需要一些关于信号布设及楼层结构方面的调研工作，在开展基于无线信号的楼层识别时，需先对室内结构进行调研。因不同楼层结构需采用不同的楼层识别方法，预先调研室内结构才能确定合适的楼层识别方案。在具有中庭空间的多楼层室内环境中，FPTAWF 算法需获取 AP 所在的楼层信息，虽然在此类结构中楼层识别效果更理想，但实现要求较高，对不具有中庭空间的楼层信息，无须获取 AP 的楼层位置，针对不同楼层层板结构的多楼层环境，需综合考虑实现的难易程度与楼层识别效果。预先知晓楼层结构，有助于确定合适的楼层识别算法。不同的情况有不同的解决方式，为更形象地描述整体流程，根据全部可能情况，生成复杂多楼层环境楼层识别方法的确定步骤。基于无线信号的初始楼层识别或实时楼层识别方案大致如图 5-3 所示。

从图 5-3 中可以看出，不论在何种多楼层室内环境中，按照图中的步骤可实现楼层识别方法的选择并完成楼层识别任务。在具有中庭空间结构的楼层环境中，预先将对应的 AP 楼层位置调查并入库。当用户在任意楼层提出定位请求时，若智能手机中获取到的 AP 信息存在于 AP 楼层位置库中，则说明用户所处楼层具有中庭空间结构或在附近楼层，因为 Wi-Fi 信号传输距离较远，通常情况下信号可穿越 2～3 层楼的距离。相反，若采集到的 AP 信息均不在 AP 楼层位置库中，则说明用户所处楼层位置没有中庭空间结构，此时只采用 FIMSCI 即可定位用户所在楼层。从图 5-3 中还可以看出，两种方法可通过 AP 楼层位置库实现有效切换。

5.2.2　中庭空间边界 AP 位置距离影响分析

由于两种基于无线信号的楼层识别方法具有一定的逻辑性，由第 3 章分别对两种方法的介绍可以看出，FPTAWF 对 FIMSCI 有强化作用。即使全部楼层结构都使用 FPTAWF 实现楼层识别，楼层识别效果将更加理想，但实现过程复杂，AP 楼层位置的确定也需要花费额外的人力、物力才能完成。因此，针对不同层板结构的多楼层环境，选择合适的楼层识别方法，既省时省力，又能达到较理想的定位精度。针对复合场景的多楼层环境，将 AP 距离两种空间结构边缘不同距离的情况做了试验分析，如图 5-2 中的 A 点为边缘位置，从 A 点到 B 点的距离约为 25 m，分别在 0～25 m 之间每间隔 5 m 放置蓝牙，蓝牙位置如图中 A 点到 B 点之间的 5 个“*”标记，间隔约为 5 m。然后，选择从图中的 C 点开

始到 D 点间每隔约 0.5 m 采集一次蓝牙 RSSI 数据，C 点到 D 点总长度约为 45 m，共采集 90 次 RSSI 值。AP 统一布设在 F4 层，分别在 F2～F4 层沿相同路径和采集方式采集蓝牙 RSSI 值。将采集到的蓝牙 RSSI 数据分布情况进行整理，如图 5-4 所示。

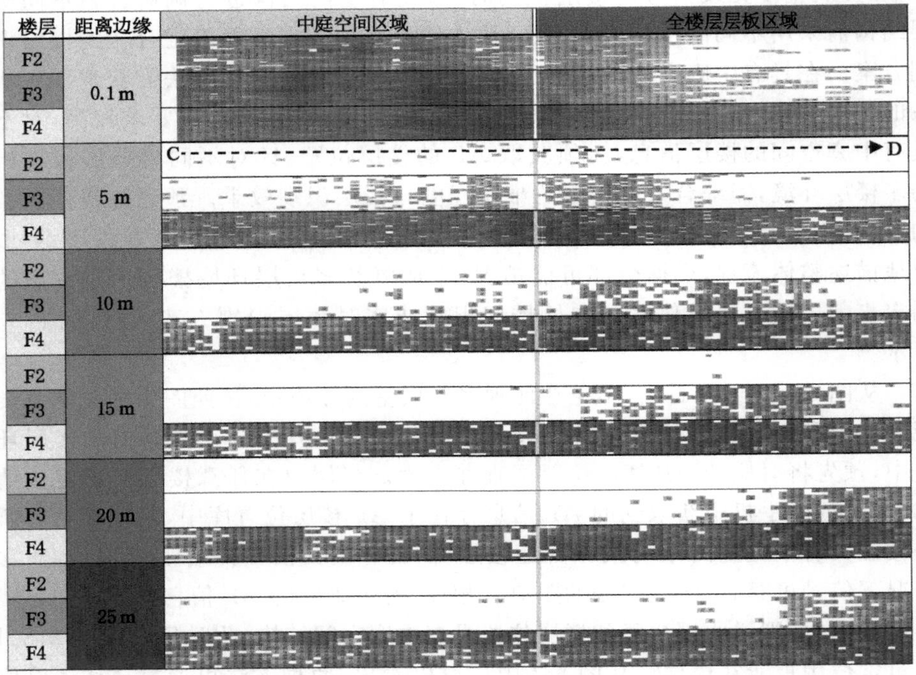

楼层	距离边缘	中庭空间区域	全楼层层板区域
F2	0.1 m		
F3			
F4			
F2	5 m	C- - - - - - - -	- - - - - - - -▶D
F3			
F4			
F2	10 m		
F3			
F4			
F2	15 m		
F3			
F4			
F2	20 m		
F3			
F4			
F2	25 m		
F3			
F4			

图 5-4　蓝牙 RSSI 数据随深入全楼层层板 AP 距离的变化情况

从图 5-4 中可以看出，全楼层层板区域的蓝牙信号在不同楼层之间的差别较大。而在中庭空间区域，当 AP 位置在边缘附近时，蓝牙信号在 F2～F4 层的差别不大，具有较高的重合度；当 AP 位置在距离边缘 5 m 及以上时，蓝牙信号 F2～F4 层的分布已有明显差别。由此可见，在混合结构的多楼层室内，只统计距离中庭空间边缘位置 5 m 以内的 AP 信息即可实现较好的楼层定位。此外，图中距离边缘 0.1 m 处的信号无论是分布还是信号强度明显强于其他位置处，这是由于在试验过程中，0.1 m 位置处 AP 对应的信号采用定点 10 s 的方法采集，而其他信号都是采用定点 1 s 的方法采集。也就是说，采集时间越久，信号的分布信息采集得越全面。

5.2.3　基于无线信号与HAR的楼层识别方法

用户需要获取一定时间段内的楼层位置情况，或者通过一定时间段内的三维位置信息完成导航任务。此时需在获取初始楼层位置后，继续解算后续每秒的楼层位置，在用户发生楼层变更时需要及时检测出并准确定位。在室内定位系统中，此功能非常重要，楼层位置的准确获取有利于调用正确楼层的地图，并在系统中准确显示出用户的位置。在初始楼层位置确定后，继续采集智能手机的加速度传感器数据，通过对加速度传感器数据的计算获取行人活动类别，进而通过基于HAR的楼层变更检测方法检测用户楼层位置是否发生了变更。在高层建筑中，电梯时间可能会统计错误，此时必须通过与基于无线信号的楼层识别方法融合来确定楼层位置。

在实际生活中，高楼大厦遍布各大、中、小城市，楼层层数差别较大。多数情况下，楼层层数主要集中在30层及以下，极少部分楼层层数超过30层。当楼层层数较多时，电梯运行速度快，相邻楼层的电梯检测时间容易出错，针对此现象，引入图5-5中的基于无线信号与HAR的加权融合楼层定位方案。该方案中，不同的权值主要结合实际识别精度而定。对于楼层数较多(比如≥27)的情况来说，层数越多，基于HAR中电梯运动的楼层变更检测精度越容易受到时间差计算的影响而导致楼层变更数出现错误，因此需要基于无线信号的楼层识别方法辅助修正判断楼层位置。而基于无线信号的楼层识别方法需根据所在多楼层内部结构进行确定。上文曾提出，为进一步提升楼层识别精度，可采集电梯停止至走出电梯的约几秒钟时间的无线信号均值，而非出电梯立即识别楼层。如果HAR的结果不是电梯，而是行走、静止或上、下楼梯中的一种(这几种行人活动状态的楼层识别精度较高)，且每完成一层楼的切换，会有相应的误差归零处理，因此不需要基于无线信号的楼层识别方法与之融合共同判断楼层位置。

针对图5-5中的权值，可根据具体高层建筑中的电梯运行情况决定，基于HAR和无线信号的楼层识别方法的两个权值 $w1$ 和 $w2$，为0～1之间的数值。具体两种方法的楼层识别融合由2个权值决定。在实际情况下，出电梯后静止时间越久，$w2$ 值越大；电梯变更层数越多，$w1$ 的权值越小。楼层差的三个权值基于如下事实：乘电梯过程中，经过的楼层数越多，时间统计的出错概率越大，权值越小。融合方法参考式(5-1)和式(5-2)。

$$\begin{cases} w1 = f_{\text{HAR}}(F_{\text{begin}} - F_{\text{end}}) \\ w2 = g_{\text{signal}}(T_{\text{stand-still}}) \end{cases} \tag{5-1}$$

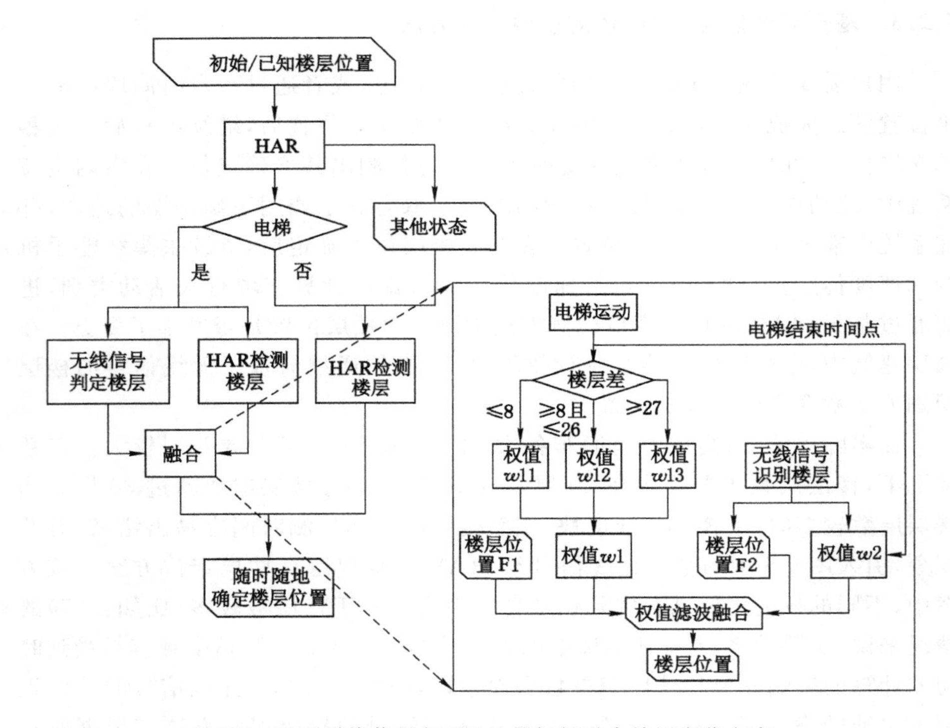

图 5-5　基于无线信号与 HAR 的加权融合楼层定位方案

$$F_{\text{result}}=\begin{cases}F_{\text{signal}}, & w1<w2\\ F_{\text{HAR}}, & w1>w2\end{cases} \tag{5-2}$$

式中：$w1$ 表示基于 HAR 楼层识别方法的权值；$f_{\text{HAR}}()$ 表示根据电梯运行的起止楼层差计算基于 HAR 的楼层识别方法的融合权值 $w1$ 的函数；$g_{\text{signal}}()$ 表示电梯运行结束后根据行人静止时间得出的基于无线信号楼层识别方法的融合权值 $w2$ 的函数；F_{signal} 为基于无线信号的楼层识别结果；F_{HAR} 为基于 HAR 的楼层识别结果；F_{result} 为融合后楼层识别结果，且由两个方法的权值大小对比得出。

此外，在单楼层面积较大的复合楼层层板结构环境中，除了基于行人活动的检测之外，还需要无线信号的实时跟踪，以确保楼层位置长时间的准确定位。行人在单层楼内的移动与无线信号的轨迹特征关联匹配。无线信号的趋势性变化与行人运动相结合，可在原有基础上进一步提升楼层位置监控力度与准确度。

5.2.4　基于无线信号与 HAR 的楼层识别方法的验证与结果分析

5.2.4.1　试验描述

为验证混合楼层识别方案的有效性，选择在资源楼 L1[见图 2-12(a)和图 5-2]开展楼层定位性能评估及分析。根据行人如下行动路线识别楼层位置：在 F1 层大厅处静止约 10 s，用 Wi-Fi/BLE 无线信号初始化楼层位置，然后开始行走至电梯间，上楼梯到 F2 层，继续行走一定距离到电梯处等待，进电梯上行，到 F5 层后出电梯，静止几秒钟，继续步行。为了突出显示关键点信息，删除了一部分中间过程的运动信息，包括等待时间、平面行走时间等。

5.2.4.2　试验结果与分析

利用智能手机采集 Wi-Fi/BLE 等无线信号、加速度传感器与气压(如果有)传感器数据，通过多信号协作的楼层位置检测方案定位行人的楼层信息。多信号协作楼层识别效果如图 5-6 所示。从图 5-6 中可以看到，在初始阶段，楼层位置靠无线信号解算输出，行人开始运动后，基于无线信号的楼层定位方法具有一定的突变性，尤其是在上、下楼梯和乘坐电梯的过程中跳动明显。因此，在行人开始运动后，楼层位置主要依赖基于 HAR 的楼层识别方法实现，只有在乘坐电梯结束后，需要与无线信号共同进行楼层位置修正。出电梯后，静止时间的长短可由所在的多楼层环境中电梯区域的楼层识别性能决定。从图 5-6 中还可以看出，在行人出电梯后，如果没有无线信号的楼层结果参与修正，只依靠基于 HAR 的楼层识别方法进行楼层识别将会出现持续误判。

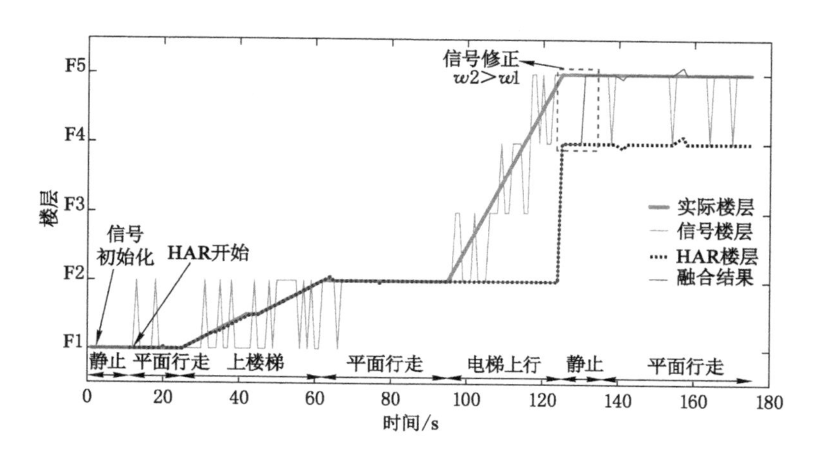

图 5-6　多信号协作楼层识别效果

在实际情况中，低楼层环境下，电梯运行时间统计不易出错，为体现多信号协作的效果，图 5-6 中的行人乘坐电梯时间有一定改动，使得基于 HAR 的电梯运行结果出现了一层楼的误差。然后，通过几秒钟的静止 RSSI 数据识别楼层，并修正了 HAR 的错误楼层位置，体现出两种信号的协作效果。

5.3 楼层位置与三维室内定位

在多楼层环境中，楼层识别最终服务于整个室内定位系统，没有楼层识别功能的室内定位系统难以提供更全面的位置信息。本节重点介绍在多楼层环境中，楼层位置信息给室内定位系统带来的性能提升。

在综合考虑楼层识别对室内定位系统性能评估影响的前提下，在中国矿业大学选择 2 个试验场开展此评估试验。其中：1 个试验场是环测楼（见图 2-3）C 区的 F1～F5 层；另一个试验场选择具有中庭空间的图书馆 F1～F4 层的一部分区域。两个试验区域的示意图如图 5-7 所示。

5.3.1 三维室内定位试验场

在选择的两个试验场中开展相关试验，鉴于无线信号的普适性，选择 Wi-Fi 信号展开分析。

5.3.1.1 环测楼 C 区 F1～F5 层

图 5-7(a)对应的试验场中，在 F1～F5 层走廊区域间隔约 2.5 m 的距离采集约 60 s 的 Wi-Fi 信号数据，在整个试验区域采集了约 33.8 万条训练数据作为离线阶段的训练样本；测试点距离参考点约 0.83 m，即测试点数量是参考点数量的两倍，且每两个参考点之间平均分配了两个测试点，每个测试点采集 1 s 的信号数据用于测试。

5.3.1.2 图书馆部分区域 F1～F4 层

图 5-7(b)试验场中，在 F1～F4 层的非中庭空间及中庭空间周边位置均采集了参考信号及测试信号，跨越两种楼层层板结构的试验区域中，每层楼共采集了 66 个参考点及 150 个测试点，参考点用于训练，测试点用于开展精度测试。

两个试验区域的共同点在于测试点性能评定均用 1 s 内实时数据进行定位性能的评估与分析。

5.3.2 三维室内定位试验方法

多数基于 Wi-Fi 的室内定位方法的研究中，涉及算法较多，受条件所限，此

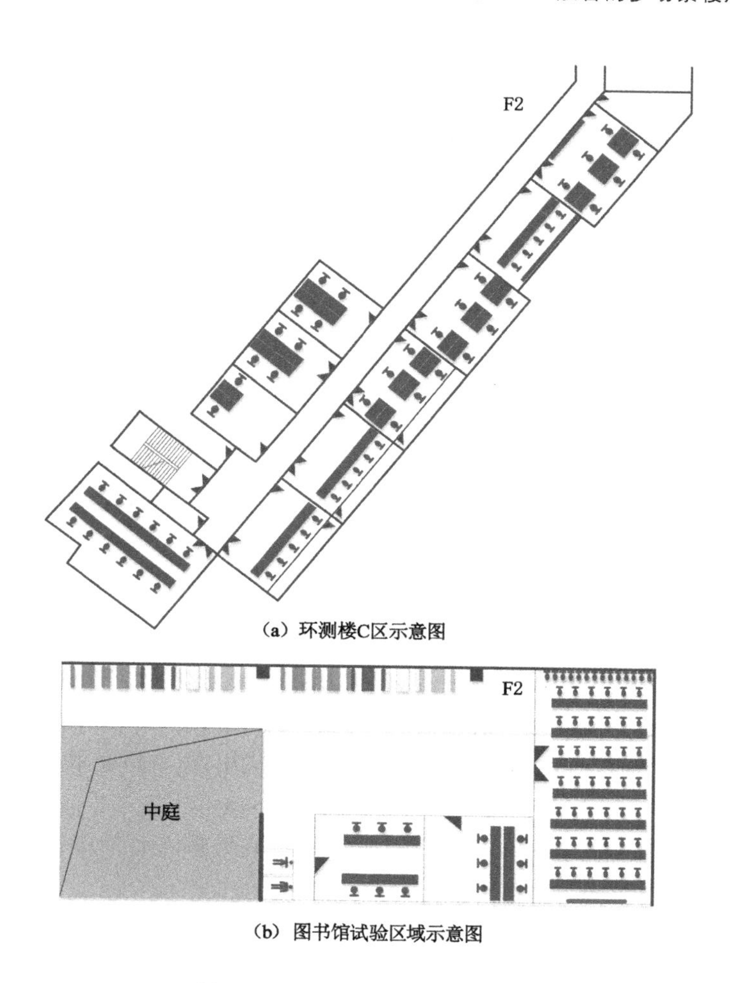

(a) 环测楼C区示意图

(b) 图书馆试验区域示意图

图 5-7　两个试验区域的示意图

处选择一种比较典型的室内定位算法——KNN 算法开展试验。定位算法的整体计算流程大致如下：

5.3.2.1　三维空间指纹库

不同于多数二维平面维度下的室内定位[位置参数只用(x,y)表示]，此处位置参数需用(x,y,h)表示，x，y 分别代表坐标系中的 x 和 y 坐标轴，h 表示三维空间中的高程信息。相应的指纹库中表示位置的变量也是三维坐标轴，为便于信号域距离的计算，将所有搜集到的 AP 的 MAC 列表排序，并将每个参考点处搜集到的 RSSI 数据按 MAC 列表顺序展示，RSSI 为空的情况以 -100 补空。具体指纹库的数据格式如表 5-1 所列，表中的 M 表示当前试验场的 AP 个数。

表 5-1　三维空间 Wi-Fi 信号指纹库数据示例

位置	各 AP 的 RSSI 值				
	AP_1	AP_2	AP_3	…	AP_M
(1,1,0)	−46	−100	−88	…	−100
(1,2,0)	−76	−78	−100	…	−62
⋮					
(1,1,5)	−85	−100	−65	…	−86
⋮					
(2,19,17)	−100	−100	−100	…	−46
⋮					

表 5-1 中的指纹库某参考点的信号指纹数据表达式见式(5-3)。

$$RF=[Rid_n, L_{i,j,k}, RSSI_1, RSSI_2, \cdots, RSSI_M] \tag{5-3}$$

式中：Rid_n 表示指纹库中的点号，一个点号对应一个位置的信号列表；$L_{i,j,k}$表示该点号对应的位置信息，$L_{i,j,k}=(x,y,h)$；$RSSI_M$表示第 M 个 AP 的信号强度值，若某点号位置处无此 AP 信号信息，则以−100 补空。

在线定位阶段，测试点采集的指纹数据表达式用式(5-4)表示。

$$TF=[Tid, rssi_1, rssi_2, \cdots, rssi_M] \tag{5-4}$$

式中：Tid 表示测试点号；$rssi_1, rssi_2, \cdots, rssi_M$表示某测试点号所在位置搜集到的各 AP 的 RSSI 列表。

5.3.2.2　信号域距离计算

鉴于 KNN 的计算条件，在线定位过程中，需找出距离测试点最近的 K 个参考点的位置，因此需先确定距离计算公式。考虑到指纹库与测试点搜集信号的 AP 集合不同，选择以测试点位置采集到的 AP 数量为基准，计算测试点与指纹库中所有参考点对应的 AP 之间的距离。此处选择测试点与各参考点信号之间的欧式平均距离作为信号域距离计算指标，对应公式如下：

$$S_n=\sqrt{(rssi_1-RSSI_1)^2+(rssi_2-RSSI_2)^2+\cdots+(rssi_M-RSSI_M)^2}/M \tag{5-5}$$

其中，S_n表示某测试点与第 n 个参考点之间的信号域距离。

5.3.2.3　三维空间中的 KNN 定位结果

计算出测试点与所有参考点的信号域距离 S_n 后，从中找出最小的 K 个值对应的RF 列表，得出 K 个位置，将 K 个已知位置进行相应的计算后，就得出测试点的位置，此处将 K 个测试点的位置进行平均，即为测试点位置，记为 l，见式(5-6)。

$$l=((x_{i1}+x_{i2}+\cdots+x_{iK})/K,(y_{i1}+y_{i2}+\cdots+y_{iK})/K,(z_{i1}+z_{i2}+\cdots+z_{iK})/K) \tag{5-6}$$

5.3.3　三维室内定位性能评估与分析

通过对多数基于 KNN 的室内定位算法进行调研，发现 K 值通常大于 5 且小于测试点采集到的 AP 的个数，文献[42]中基于加权 K 最近邻算法(WKNN)的室内定位试验中得出的结论是 $K=9$ 时定位精度最高。因此，将距离各个测试点最小的 11 个参考点的位置进行展示，并分析出各个位置对应的楼层信息是否一致，两个试验场的三维定位测试点与参考点信号域距离分析如图 5-8 和图 5-9 所示。图 5-8(a)和图 5-9(a)从上到下表示各个测试点，从左到右表示距离测试点信号域最小的 1～11 个位置，即各 K 值对应的楼层信息，若是灰色则表示与测试点所在楼层一致，若是白色则表示信号域距离较近的参考点的位置与测试点不在同一个楼层。图 5-8(a)表示环测学院 C 区 F1～F5 层试验数据，图 5-9(a)表示图书馆部分区域的 F1～F4 层试验数据。

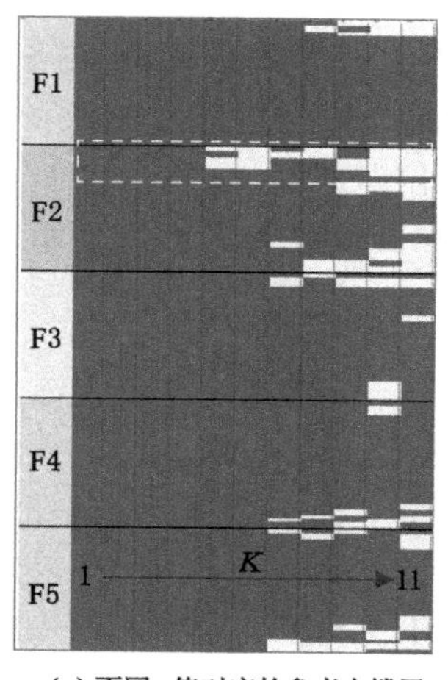

(a) 不同K值对应的参考点楼层

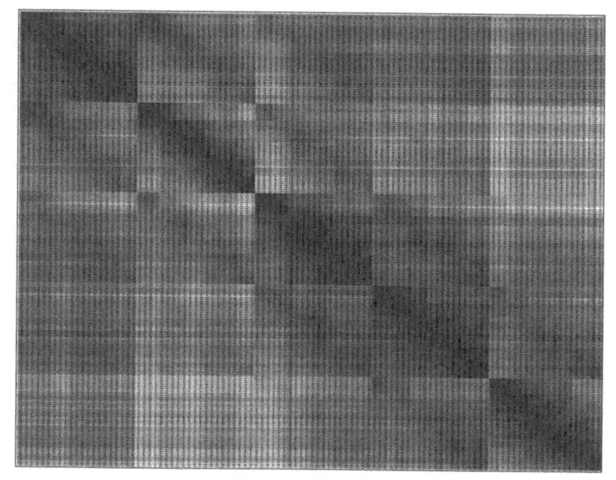
(b) 测试点与所有参考点的信号域距离

图 5-8　环测楼 C 区三维定位测试点与参考点信号域距离分析

图 5-8(b)和图 5-9(b)表示各测试点与所有参考点的信号域距离情况，颜色越深，表示距离越相近，且从中可以看出，图书馆的信号域距离比环测楼的信号域距离模糊，没有环测楼试验区域的信号域距离差距明显。主要原因是图书馆

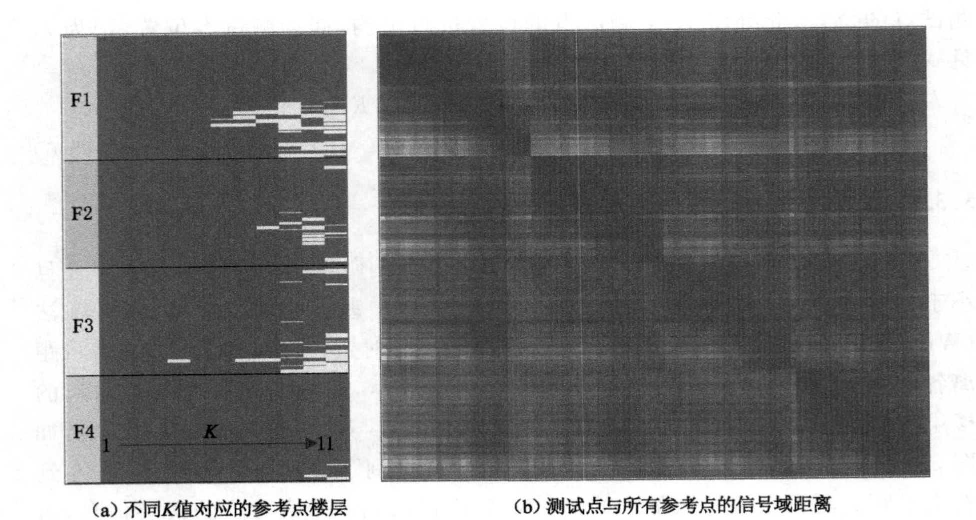

(a) 不同K值对应的参考点楼层　　(b) 测试点与所有参考点的信号域距离

图 5-9　图书馆三维定位测试点与参考点信号域距离分析

的 AP 布设较稀疏，且试验区域较大，因此在某些测试点处采集到的 AP 数量较少，导致信号域距离比环测楼中的更大且相近。

将图 5-8(a)和图 5-9(a)中的数据按 KNN 算法中的 K 值分别统计，在各 K 值情况下，出现了部分与各测试点信号域距离相近的其他楼层参考指纹的比例，将导致测试信号在计算最终位置时引起额外的定位误差。

三维室内定位 KNN 算法中 K 值选取对所在楼层的影响如图 5-10 所示。

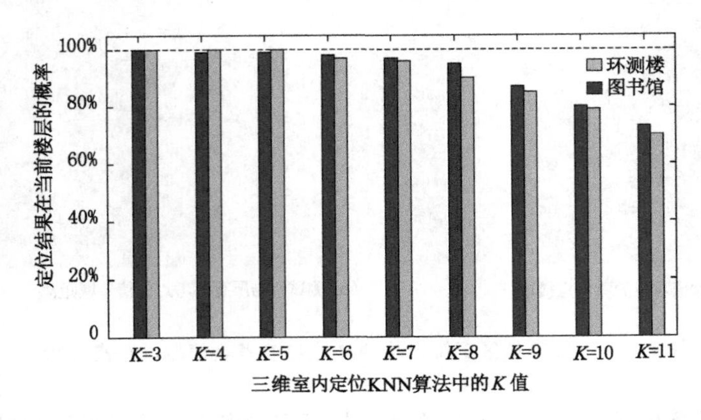

图 5-10　三维室内定位 KNN 算法中 K 值选取对所在楼层的影响

从图 5-10 中可以看出：当 $K=6$ 时，两个试验场均已出现个别测试点的相近参考信号出现在其他楼层；当 $K=9$ 时；已有约15%的测试点受其他楼层参考点的影响，此时测试点的计算结果将出现较大的定位误差；而当 $K=11$ 时，两个试验场的测试点中出现了更多的楼层混淆信号。上述现象说明，在当前室内定位应用中，多数定位试验是在水平面单楼层环境中开展的，多楼层环境下如果没有精确的楼层位置信息，可能发生定位结果出现在错误楼层的情况。

将图5-8(a)中白色虚线区域的具体数据展示在表5-2中，表中数据表示各测试点与信号域距离从小到大的11个参考点数据，其中 F 表示楼层，L 表示距离。从表中可以看出，在2楼的连续八个测试点的最近 $K=11$ 个参考点中，6个位于2楼，5个位于1楼，此时需要确定的楼层信息辅助室内定位的计算，才能保证定位精度，同时可提供更全面的位置信息。

表5-2 图5-8(a)中白色虚线区域的具体数据

测试点号		Min1	Min2	Min3	Min4	Min5	Min6	Min7	Min8	Min9	Min10	Min11
#201	F	2	2	2	2	1	1	2	1	2	1	1
	L/dBm	6.919	23.54	37.75	51.54	75.85	80.37	84.47	86.34	89.4	94.3	98.52
#202	F	2	2	2	2	1	1	2	1	2	1	1
	L/dBm	6.919	23.54	37.75	51.54	75.85	80.37	84.47	86.34	89.4	94.3	98.52
#203	F	2	2	2	2	2	1	1	1	2	1	1
	L/dBm	4.683	13.48	41.37	45.18	72.12	75.32	76.2	78.12	85.52	89.02	90.93
#204	F	2	2	2	2	2	1	1	1	2	1	1
	L/dBm	4.672	13.48	41.37	45.23	72.19	75.55	76.42	78.33	85.61	89.25	91.13
#205	F	2	2	2	2	1	1	2	2	1	1	1
	L/dBm	0.106	42.07	46.78	55.52	76.26	79.9	81.28	82.67	85.06	88.8	95.38
#206	F	2	2	2	2	1	1	2	2	1	1	1
	L/dBm	0.004	42.24	46.92	55.65	75.44	79.15	81.07	82.49	84.35	87.98	94.72
#207	F	2	2	2	2	1	1	2	2	1	1	1
	L/dBm	0.027	42.46	47.11	55.85	74.95	78.71	81.02	82.45	83.94	87.49	94.35
#208	F	2	2	2	2	1	1	2	2	1	1	1
	L/dBm	0.032	42.49	47.13	55.86	74.92	78.67	81.02	82.45	83.91	87.45	94.32

将表5-2中的最后一个测试点#208及与其信号域距离最近的参考点位置展示在图5-11中，从图中可以看出测试点的真实位置（五角星"★"）及与其信号域距离最近的11个参考点（圆点"●"）的位置分布。无楼层参考的情况下，定位结果难以提供正确的位置信息。

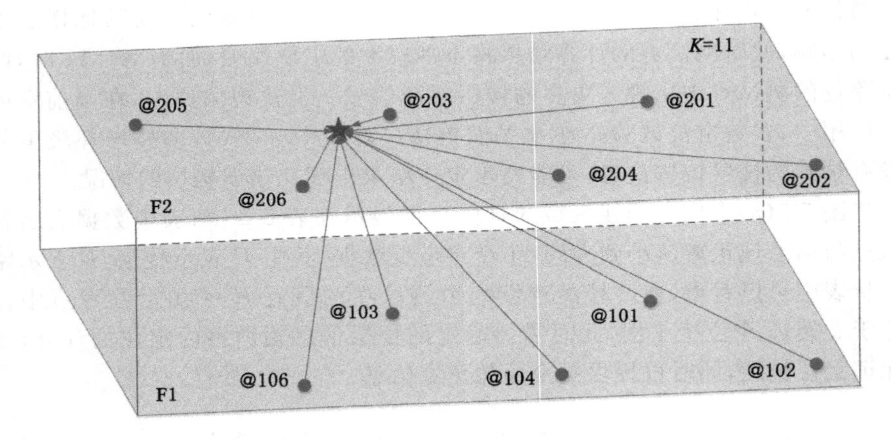

图 5-11　测试点＃208 及与其信号域距离最近的 11 个参考点的位置分布

此外，大多数基于指纹的定位方法都会借助最相似的参考指纹信号所在位置实现室内定位的解算[82,175-178]，而室内定位环境中无线电波传播的特性很可能混淆不同楼层的指纹数据，导致相邻楼层的信号指纹比较相似[50]。针对在图 5-11 中与测试点＃208 信号域距离最近的 11 个参考点中的 5 个在 F1 层的情况，若楼层位置已知，该测试点的定位结果只会出现在 F2 层，同时加入楼层辅助的三维室内定位方法则能够提供更全面的位置信息，即(x，y，楼层位置)。

5.4　本章小结

本章介绍了现实多楼层环境中的多种内部空间结构情况，针对多种楼层识别或变更检测方法提出相应的融合策略，并对融合效果进行了验证与分析。结果显示该方案可实现高精度初始楼层位置解算，以及长时间稳定的楼层识别效果；有效解决了基于无线信号的楼层识别方法不稳定以及基于 HAR 的楼层识别方法无法单独实现楼层定位的问题，提升了楼层识别的整体性能；同时在电梯数据导致楼层位置错误的情况下，利用无线信号的楼层识别结果可及时修正楼层位置。使用楼层识别对三维室内定位展开性能评估，选择常用的 KNN 的室内定位方法，利用楼层识别结果测试其对室内定位的影响。选择 KNN 定位方法中不同的 K 值展开分析，发现加入楼层辅助的三维室内定位可提供更全面和正确的位置信息。

第 6 章　基于行人活动分类的高程估计方法

高程信息是室内定位系统中较为重要的一个指标信息。Ye 等[179]做了一项全国性的在线调查，证明了在移动应用中人们对高度信息的需求，此类需求主要体现在与人类生活相关的很多方面。作者利用智能手机气压计数据测试气压定位高程的性能，体现出基于气压估计高程方法的不足；提出利用行人活动类别与室内楼梯特征估计室内高程的方法；通过多种运动过程进行高程估计测试验证，证明基于 HAR 进行高程估计的有效性。

6.1　基于气压的高程估计方法及其不足分析

6.1.1　同一天内的气压变化情况

图 6-1 显示了环测楼某一固定位置处 24 h 内的气压波动情况。采集数据当天所在地的气候条件如下：空气相对湿度范围是 51%～93%；温度范围是 16～29 ℃；最大风速是 2 级；天气状态为晴转阴；季节是初秋。从图 6-1 中曲线波动情况可以看出，气压在任意时刻都在变化，部分时间段相对稳定，但会在某个时间段出现较明显的增加或降低的现象，如图中框线部分所示。根据长时间的检测，发现在相同的气候条件下每天的气压波动规律大致相似，但不完全一致。据统计，该曲线第二个框线中气压变化表示在约 17 min 内气压降低了约 0.5 hPa，根据气压与高差的关系，此数据代表上述过程无形中产生了约 4 m 的高度变化，在现实环境中此高度可代表一个楼层；同样，第三个框线表示气压在 6.5 min 内增加了 0.21 hPa，说明这段时间静止状态下的计量高程降低了 1.68 m。此情况在用户水平行走过程中将被忽略，不计入楼层变更的高差累加值中；但若用户在上、下楼梯的过程中出现静止状态，多数基于气压的楼层判定结果会误判，进而导致楼层错判或高程估计错误。

6.1.2　不同智能手机气压数据情况

图 6-2 展示了不同智能手机采集的气压数据情况。从图 6-2 中可以看出，

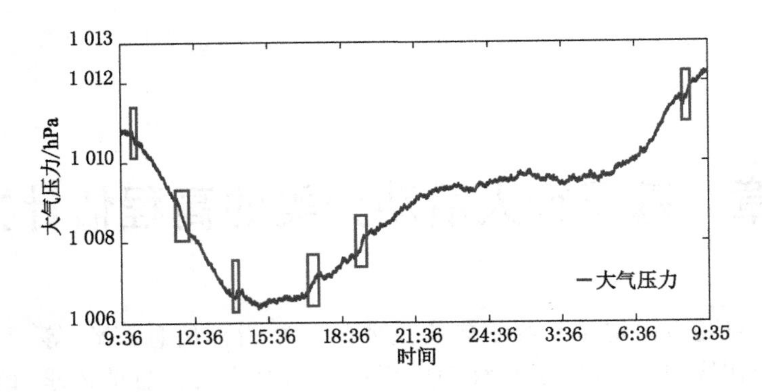

图 6-1 环测楼某固定位置处一天内气压波动情况

即使同一品牌的智能手机在相同时刻相同位置获取的气压数据也不相同，但气压差长时间保持一致。由此可见，不同智能手机之间可以不校准，而只运用手机的气压差数据便可进行高程估计。图 6-2(b)中显示在同一建筑中间隔 2 层楼的不同位置利用不同智能手机采集的约 10 h 的气压变化情况，从图中可以看出两气压变化趋势长时间一致，两部手机的气压值也长时间保持相同的差距。但静止状态时气压变化仍旧存在，且对应 10 h 内的高度变化已超 4 层楼的高度。气压数据本身的变化情况可能对低高度值的检测不敏感，比如 0.5 m 的距离。但在普通的大面积场馆中，存在一些错层(比如台阶数较少)的结构，此类场景气压判定精度较低，容易受气压变化的影响。因此需要利用其他方式检测小范围的高度变化。

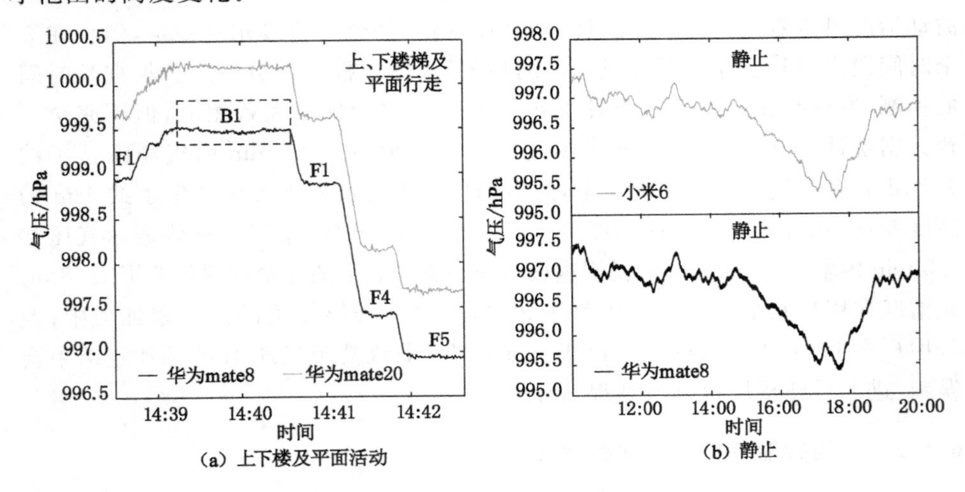

图 6-2 不同智能手机的气压数据对比

此外，图 6-2(a)中虚线框内的气压数据表示行人在 B1 层内水平面行走一圈对应的气压结果，对应时间段为 14:39:10～14:40:35。据统计，此段气压最大值为 1 000.287 1 hPa，最小值为 1 000.156 7 hPa，此气压差估算的高差结果约为 1.069 28 m。此现象说明：即使在水平面范围内行走时，智能手机气压数据仍有较大的误差，此误差数据远远大于普通楼梯中一个阶梯的高度。因此，小高度范围内的识别与计算问题使用智能手机的气压传感器具有较大的误差，难以满足用户需求。

6.1.3　单楼层不同位置的气压数据情况

在图书馆 2 楼水平面的多个位置采集了气压短时间内的数据变动情况，具体数据如图 6-3 所示。图中曲线的起止位置位于同一位置处，整个采集过程约为 7 min，从起始位置处的气压数据可以看出，这 7 min 内的气压静态变化跟楼层各位置的气压数据起伏情况相比很小，可忽略不计。个别位置处的气压突变明显，可产生约 1 m 的高差，如“位置 3”处，可以看出几秒钟的时间即可发生较明显的气压波动。此现象对高程估计不利，在上、下楼梯过程中，此类气压突变的情况容易给基于气压测高的方法带来较大困扰。在高程估计精度要求较高的情况下，气压数据难以胜任。

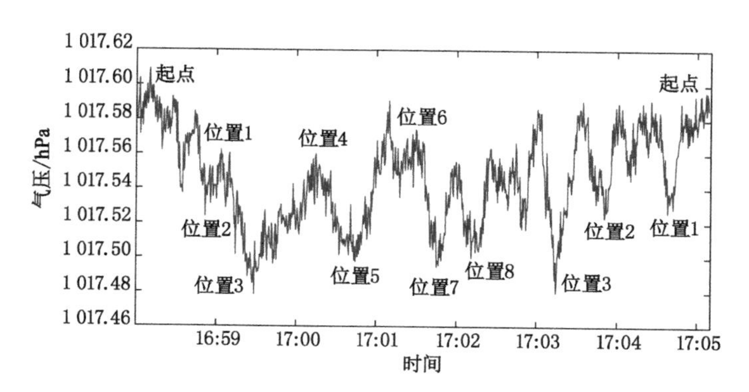

图 6-3　大面积单楼层平面不同位置处的气压情况

6.1.4　气压估计高程试验总结与分析

从上述试验情况可以看出，智能手机气压数据难以用于开展高精度的高程估计。在大面积室内环境中，气压多变，不同位置的气压值差异较大；同时，不同智能手机的气压计型号不同，使用年限不同，导致不同智能手机采集的气压结果也不同，在实际应用中会为实现高程估计需求带来一定的困扰。总之，利用气压解算高程信息,受限较多,噪声导致精度不够,需考虑其他传感器数据实现高精度高程解算。

6.2 基于 HAR 的高程估计方法

由于智能手机气压传感器具有一定的误差和噪声,难以有效识别出亚米级的高度变化,此特点可以从图 6-2(a)的虚线框中看出。因此,为有效定位用户在多种场景中的高度信息,可选择基于 HAR 的方法进行高程估计。该方法适用于多种室内场景,包括各类体育场馆、错层结构场所等。基于 HAR 的高程估计解决方案如图 6-4 所示。

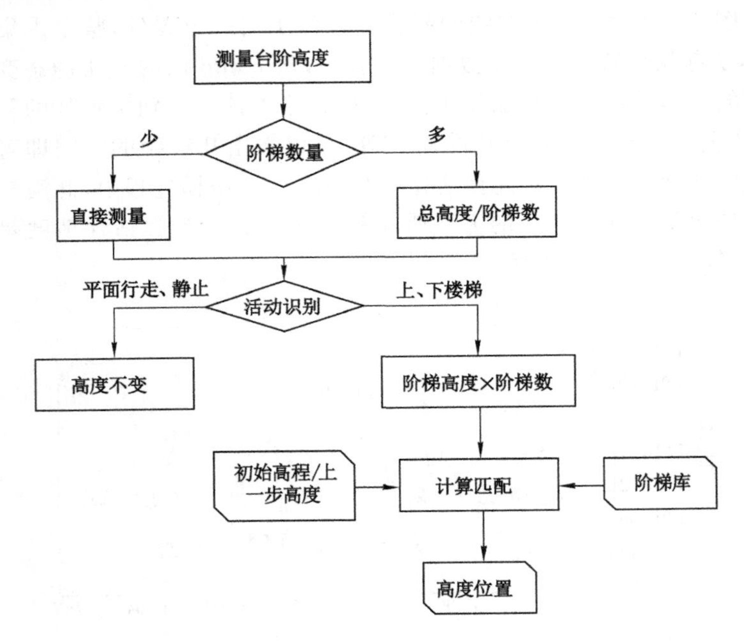

图 6-4 基于 HAR 的高程估计解决方案

不同于多楼层办公、住宅、购物、医院、商超等室内场所,具有看台的场馆内部各平台处于不同的水平面,由多个不同高度的平台组成。运动场馆内不同高度的平台或者看台之间靠楼梯连接,人们可通过各看台之间的楼梯切换位置,包括水平位置和高度位置,具体结构如图 6-5 所示。具有环四周较高平面看台的场馆内部主要由水平地面和多个位置的连续台阶组成,基本没有电梯设施帮助人们切换不同的平台高度,人们进入场馆内部基本靠行走、上楼梯、下楼梯活动类别切换位置。除此类环境之外，人们在具有较高层高的多楼层体育馆中也基本依靠上、下楼梯运动切换楼层。鉴于此，高程估计不仅可完成小范围的高程定位，也可用于多楼层室内场景借助不同的楼层位置完成较大高度范围的高程估计。

图 6-5　体育馆看台多楼梯结构

6.2.1　阶梯库生成

阶梯库的构成与试验场内部的各个楼梯台阶紧密相关，结合各个楼梯的特点构建并存储相关特征数据，对应阶梯库表字段有阶梯号、起点位置、终点位置、阶梯宽度、阶梯高度、阶梯数。具体阶梯库数据示例如表 6-1 所列。

表 6-1　阶梯库数据示例

阶梯号	起点位置	终点位置	阶梯数/个	阶梯宽度/m	阶梯高度/m
F1@1	(x,y,z)	(x,y,z)	12	0.3	0.15
F1@2	(x,y,z)	(x,y,z)	12	0.3	0.15
⋮	⋮				
F1@10	(x,y,z)	(x,y,z)	12	0.3	0.15
F2@1	(x,y,z)	(x,y,z)	12	0.3	0.15
⋮	⋮				
F1@10	(x,y,z)	(x,y,z)	12	0.3	0.15

在具有阶梯结构贯穿的看台结构的试验场中，一般会有多个入口与出口，在开展高程估计试验时，可同时结合定位结果确定行人的初始位置。由于行人的高度位置需要通过上、下楼梯来解算出，故在行人进入此类场所时，可通过在

各入口处安装 Wi-Fi/蓝牙等信号使用邻近定位可确定行人的大体初始位置，进而可确定此位置的高程信息。利用行人的初始高程位置，即可通过后续行人移动过程中的运动状态，并结合阶梯库数据估计行人的实时高程。行人获取初始高度位置后的高程估计可对室内定位精度有辅助提升的作用。

由于大型场馆层高较高，室内空间大，地面高度不同，此类场景中使用蓝牙邻近定位方法或与基于 PDR 定位方法结合将具有较好的定位效果。目前，国内外有关 PDR 定位方法已经有较成熟的定位理论与效果，高程估计需结合此方法中的部分结果，比如水平面行走过程中的大体位置，尤其是上、下楼梯活动之前的位置。在行人上、下楼梯活动出现时，可通过行人的行进轨迹和位置找出最近的阶梯位置，进而通过行人运动类别确定高程。

6.2.2 高程估计方案

高程估计方法主要依赖于智能手机中的传感器数据进行行人活动分类，结合行人活动类别辅助估计高程，该方法适用于所有的智能手机。高程估计的基本思想如下：调研阶段先提取建筑物内部的楼梯、台阶高度等信息并存入参考库；测试阶段根据适当频率的智能手机加速度传感器数据判断行人活动类别，一旦发现行人发生上、下楼梯活动，即可结合初始或当前高度/位置与阶梯参考库关联匹配，得出行人每一步的高度变化，进而完成高程估计。整个过程类似于 PDR 定位，在递推过程的基础上，加入了一定的条件判断与错误修正，确保高程精度令人满意。第 4 章节已完成了结合行人活动类别完成楼层识别的试验，此处可直接根据楼层识别的中间过程数据进一步计算高程，相应的高程估计计算流程如图 6-6 所示。

图 6-6 中的高程估计算法结合了活动识别、建筑内部结构参数以及楼层识别的过程数据，在计算高程的过程中，需考虑如下几个约束条件：

(1) 行人处在最高层时高度不会再增加，同理最底层也不会出现高度降低的情况；

(2) 行人乘坐电梯过程发生的垂直位移与电梯活动之前的高度位置叠加可计算出电梯乘坐结束时的高度；

(3) 行人上、下楼梯成功完成楼层变更时的楼层位置可及时修正高度位置，及时消除上、下楼梯过程中的高度误差；

(4) 行人、上下楼梯时，每改变一次台阶将会发生相应台阶高度的高度位置变更；

(5) 阶梯库和 ETRF 表可辅助用户高度位置的定位，灵活运用台阶高度、楼层位置等信息，同时，不同楼层层高不同导致台阶数量不同、台阶高度也不同，在高程

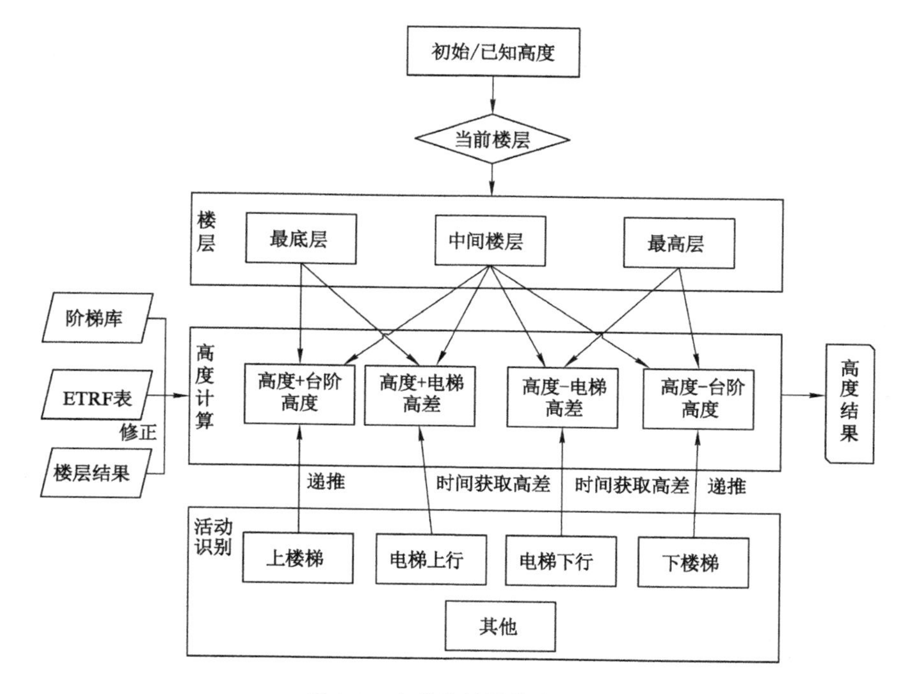

图 6-6　高程估计计算流程图

估计过程中的高度累计值也不同,实时调用参考数据可提升系统性能和精度;

(6) 在体育场馆入口较多的情况下,可通过在入口处增设无线信号热点,同时采用邻近法获取初始位置,有助于高程估计与位置定位的开展。

此外,不同楼宇内部的楼梯或者台阶的高度、宽度可能不同。针对此类情况,可通过增加相应楼梯环境中的加速度数据分类特征向量或增加训练样本进行训练,实现分类精度的提升,进而达到适应多种楼梯参数的高精度高程估计的效果。

6.3　高程估计试验及结果分析

在部分室内环境中,高程信息对室内定位系统的精度具有较好的提升作用,比如在一些大、中、小型的体育场馆室内以及具有错层结构的室内空间中,高程信息能够结合室内地图辅助室内定位进行单维度的位置修正。此外,在层高较高的室内环境中,高程信息也是人们比较关心的位置指标之一,比如层高较高的多楼层运动场馆内。由于此类场所涉及的高程变更基本通过楼梯或者台阶地标实现，因此高程估计场所直接选在普通多楼层内部，如环测楼(图 2-3)，在此类环境中只通过上、下楼梯动作完成高度位置的改变。

高程测量根据《国家三、四等水准测量规范》(GB/T 12898—2009)，使用 DiNi03 型水准仪，采用中丝读数法进行往返观测。高程系采用 1985 国家高程基准，从控制点 I14 开始进行往返观测。其中在各楼层测量至少 3 个水准点，并将其平均值作为该楼层的高程。其中，对环测楼的高程测量数据如表 6-2 所列。

表 6-2　环测楼的高程测量数据　　单位：m

楼层	平面高程	楼层高度
1	39.113	4.992
2	44.105	3.984
3	48.089	3.999
4	52.088	3.987
5	56.075	

6.3.1　普通多楼层结构的高程估计试验

针对普通多楼层室内环境，选择图 2-3 对应的环测楼进行高程估计试验。试验过程如下：行人在 F1 层行走一段时间后，上楼经过 F2 层到 F3 层，在 F3 层静止一段时间后继续上楼梯至 F4 层，再静止后上楼梯到 F5 层，在 F5 层分别行走和静止一小段时间。之后开始下楼梯，在 F4 层和 F3 层分别静止一段时间，F2 层行走一段时间最后返回至 F1 层，并在 F1 层行走一段时间，对应的行人行走计步和活动状态见图 6-7 中的“活动类别”。

6.3.2　普通多楼层结构的高程估计结果与分析

环测楼变更运动过程中的高程估计结果如图 6-7 所示，经过行人在多楼层环境中不同的活动类别实现了不同楼层间的切换，对应的楼层位置和相对高度(F1 层设为0 m)结果均在图中“楼层”和“相对高度”对应的曲线中展示，且不同的指标分别由参考数据和测试结果两条曲线展示。从图中可以看出，当用户在水平面行走、上楼梯、下楼梯活动中均出现个别活动的误判后，楼层位置会及时修正，同样高程估计也可及时修复并保持高精度。

从图 6-7 中最下面的高程估计曲线可以看出，高程估计试验场所最大高度约为 17 m，行人运动和切换楼层过程中的高程估计误差最大约为 3 个台阶的高度。将高程估计过程中各计步对应的高度误差进行了统计，见图 6-8。从图中

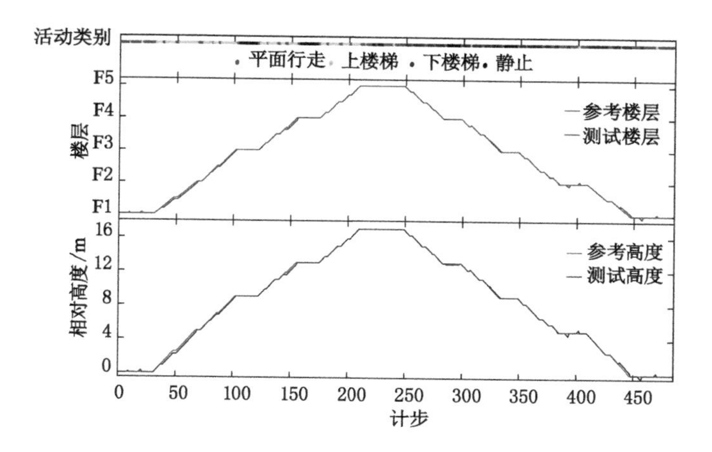

图 6-7　楼层变更运动过程中的高程估计结果

可以看出，基于 HAR 的高程估计方法具有理想的高程估计效果，最大高度误差接近 0.45 m(每个台阶高度约为 0.15 m)，此误差发生的概率极小，在活动判定准确后及时消除，不会发生误差累计，同时在楼层切换成功后会进行“误差归零”处理，总体平均误差保持在一个台阶之内，定位效果理想。

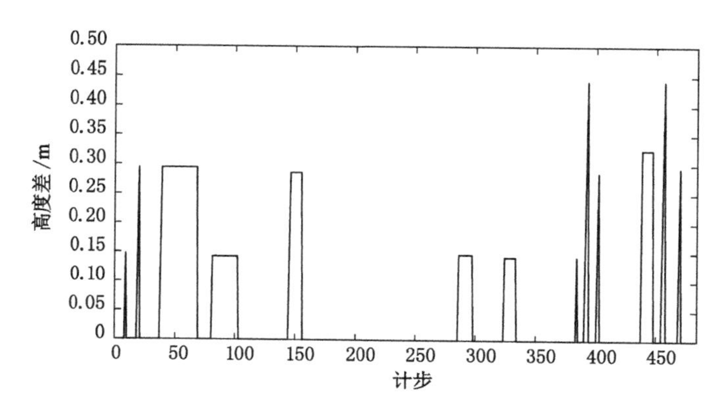

图 6-8　楼层变更运动过程中的高度误差

6.4　本章小结

本章利用智能手机气压传感器开展高程估计试验，气压传感器噪声波动幅度对应的高差接近 1 m，表明智能手机气压计对亚米级高差反应不敏感，对高度识别精度较低。通过 HAR 结果与楼梯结构相关联，制定了基于 HAR 的高程估计方法。利用行人上、下楼梯等多种运动进行了验证，结果发现高程估计误差最大值不超过 3 个台阶的高度，即 0.45 m。同时，利用楼层位置辅助高程估计可及时消除误差累计，证明基于 HAR 的高程估计方法精度较高，可适用于具有楼梯、台阶等结构的室内外场所。

第7章 结　　论

在室内定位领域，最基础和常用的信号源是 Wi-Fi 和 BLE 等无线信号及智能手机传感器数据。楼层识别方法中，较为常用的是基于无线信号和气压的方法，目前两种方法均具有一定的局限性。其中，基于无线信号的方法中，多数方法对多楼层的空间结构或者 AP 布设环境有一定的要求，对环境或 AP 布设的变化适应性较差，且多径效应使无线信号波动性较大，导致此类方法稳定性不高。而基于气压的方法中，借助参考基站的方法需额外布设并进行不同终端的校准、气压易随温湿度等环境发生变化、大面积室内复杂环境使得同一水平面的气压值不同等问题，限制了基于气压进行识别楼层方法的普及应用。楼层识别可辅助提升室内定位精度，对基于 LBS 的应用具有非常好的辅助作用，因此，深入研究具有普适性、高精度与实时稳定的楼层识别方法有非常重要的现实意义。

针对室内楼层识别与高程估计等研究现状、存在问题分析及应用需求，以智能手机为载体，从多个维度深入分析了多种场景下的无线信号和传感器数据等的特性，利用统计学习、概率论、机器学习分类算法、最优化理论等理论、方法，宏观及微观结合、理论与试验结合，对多层空间结构分类、基于信号区间置信度的楼层识别、基于信号区间置信度与各楼层 AP 最大 RSSI 均值的自适应加权融合楼层识别、基于智能手机加速度传感器的行人活动分类、基于 HAR 的楼层变更检测方案、基于 HAR 的室内高程估计方法等方面展开了系统研究，取得的主要成果如下：

(1) 为提升基于无线信号的楼层识别方法的普适性，结合现有基于无线信号的楼层识别方法的理论基础将多层空间结构分为两类：全楼层层板结构和中庭空间楼层结构，并深入分析了多楼层室内不同空间结构中无线信号的空间分布特性。

(2) 针对全楼层层板结构中无线信号的空间分布特性，开发了指纹库的快速指纹采集流程，开发了基于最优化理论与概率统计算法的区间置信度指纹库构建过程，提出了基于无线信号区间置信度的楼层识别算法。在大面积且 AP 布设密度不均的多楼层复杂室内场景中，通过与多数投票法、*K*-means 聚类、

KNN、朴素贝叶斯分类等算法进行对比，结果证明该算法的精度最高，高达92.2%，且指纹采集工作省时省力，指纹库数据量小。

(3) 针对中庭空间结构中无线信号的空间分布特性，分析了现有无线信号楼层识别方法在此类结构中的不足，考虑将 AP 布设信息纳入特征进行计算。提出了基于信号区间置信度与各楼层 AP 最大 RSSI 均值的自适应加权融合楼层识别算法，验证阶段在多个中庭空间结构的试验场展开试验，选择包括决策树、SVM、KNN、神经网络等在内的多种算法，以及 1 s 内实时和 5 s 内静止两种测试运动模式进行了试验对比，均验证了该算法的高精度、有效性。

(4) 针对气压易随温湿度等环境发生变化、参考基站方法普适性较低等问题，提出利用智能手机传感器数据进行楼层变更检测的方法。利用智能手机加速度传感器数据定义了高分类性能的分类特征向量，利用 SVM 算法进行分类获得了较高的分类精度。结合行人运动信息与楼梯地标参数特征，提出了具有较高容错性的基于 HAR 的楼层变更检测方案。利用行人多次连续切换楼层位置的运动方式(包括平面行走、上下楼梯、电梯上下行、静止)进行验证，结果表明，与其他基于 HAR 的方法相比，该方案允许行人在上、下楼梯过程中出现不定时长的静止及往返活动，且具有容错性、高精度和实时稳定性等优点。

(5) 分析多楼层真实场景的各种空间结构，提出两种基于无线信号楼层识别方法的融合方案，以及无线信号初始楼层识别与 HAR 楼层变更检测方法相结合的融合方案。通过在多楼层空间中开展多种与楼层切换相关的六类活动进行验证，结果显示融合方案的楼层位置解算结果较理想，并且在基于 HAR 的楼层识别方法结果误判的情况下，基于无线信号的楼层识别结果可及时修正楼层位置。此外，进一步分析了楼层识别对室内定位的辅助与提升作用。

(6) 针对气压数据对亚米级高差不敏感的问题，提出了基于 HAR 的室内高程估计方法，利用楼层变更检测的中间过程数据以及楼梯参数，实现了高精度的高程估计。试验结果表明，多楼层场景中的高程估计误差最大为 3 个台阶的高度，即 0.45 m，实现了亚米级高程估计的效果，同时借助楼层位置可有效消除误差累计。

参 考 文 献

[1] 国务院办公厅. 国家卫星导航产业中长期发展规划[EB/OL]. (2013-09-26)[2021-04-08]. http://www.gov.cn/zwgk/2013-10/09/content_2502356.htm.

[2] 韩维正. 与大数据深度融合 北斗系统助力疫情防控[EB/OL]. (2020-03-06)[2021-04-08]. http://it.people.com.cn/n1/2020/0306/c1009-31619561.html.

[3] 中国移动. 室内定位白皮书(2020 年)[EB/OL]. (2020-06-20)[2021-04-08]. https://www.sohu.com/a/403141760_653604.

[4] 导航与位置服务科技专项总体专家组,地球观测与导航技术领域导航主题专家组. 室内外高精度定位导航白皮书(2013 年)[EB/OL]. (2013-09-20)[2021-04-08]. https://www.docin.com/p-1215862845.html.

[5] LI B H, HARVEY B, GALLAGHER T. Using barometers to determine the height for indoor positioning[C]//International Conference on Indoor Positioning and Indoor Navigation. Montbeliard-Belfort:IEEE,2013:1-7.

[6] GU F Q, BLANKENBACH J, KHOSHELHAM K, et al. ZeeFi: zero-effort floor identification with deep learning for indoor localization[C]//2019 IEEE Global Communications Conference. Waikoloa, HI, USA: IEEE, 2019:1-6.

[7] Federal Communications Commission. FCC Makes Proposal To Help First Responders Locate 911 Callers In Multi-Story Buildings[EB/OL]. (2019-03-15)[2021-04-08]. https://www.fcc.gov/document/fcc-makes-proposal-help-first-responders-locate-911-callers.

[8] 腾讯新闻客户端自媒体. 28 岁中国留美博士在纽约死于流感,曾拨打 911 求救,但系统定位失败[EB/OL]. (2020-03-02)[2021-04-08]. https://new.qq.com/omn/20200301/20200301A0I3RT00.html.

[9] 科技爱好者. IDC 报告里的隐藏巨头,小天才电话手表是如何成为行业第一的?[EB/OL]. (2019-08-28)[2021-04-08]. https://baijiahao.baidu.com/s?id=1643094735327991248.

[10] ITBEAR 科技资讯. 都市高楼大厦内定位楼层,小天才再次解决行业技术难题![EB/OL]. (2020-10-17)[2021-04-08]. http://www.itbear.com.

cn/html/2020-10/390212. html.
[11] HUI W, LENZ H, SZABO A, et al. Fusion of barometric sensors, WLAN signals and building information for 3--D indoor/campus localization [C]//Proceedings of the 2006 IEEE International Conference on Multisensor Fusion and Integration for Intelligent Systems (MFI 2006). [S. l.]: IEEE, 2006.
[12] XIA H, WANG X, QIAO Y, et al. Using multiple barometers to detect the floor location of smart phones with built-in barometric sensors for indoor positioning[J]. Sensors (Basel, Switzerland), 2015, 15(4): 7857-7877.
[13] 黎海涛，齐双. 基于室内地图环境信息的多楼层 WiFi 定位技术研究[J]. 电子科技大学学报，2017，46(1)：32-37.
[14] XU Z Y, WEI J M, ZHU J X, et al. A robust floor localization method using inertial and barometer measurements [C]//2017 International Conference on Indoor Positioning and Indoor Navigation (IPIN). Sapporo: IEEE, 2017.
[15] 陈锐志，陈亮. 基于智能手机的室内定位技术的发展现状和挑战[J]. 测绘学报，2017，46(10)：1316-1326.
[16] 邓中亮，尹露，唐诗浩，等. 室内定位关键技术综述[J]. 导航定位与授时，2018，5(3)：14-23.
[17] 丘建栋，梁嘉贤，柯尼，等. 室内定位技术发展综述[J]. 计算机科学与应用，2019(6)：1072-1084.
[18] 徐聪. 基于计算机视觉的室内定位关键技术研究[D]. 成都：电子科技大学，2019.
[19] 刘康. 室内视觉定位与导航综述[J]. 黑龙江科技信息，2017(8)：7.
[20] 姚万业，魏立新，张华. 基于红外信标的室内定位设计[J]. 许昌学院学报，2018，37(2)：62-67.
[21] 熊乐平，江劲松. 一种基于红外线的室内定位方法及系统：CN109799481A [P]. 2019-05-24.
[22] 丁亚男，张旭，徐露. 基于 UWB 的室内定位技术综述[J]. 智能计算机与应用，2019，9(5)：91-94.
[23] 赵红梅，赵杰磊. 超宽带室内定位算法综述[J]. 电信科学，2018，34(9)：130-142.
[24] 高子晋. 基于单片机的超声波室内定位系统[J]. 科技传播，2018，10(4)：138-139.

[25] 韩霜，罗海勇，陈颖，等. 基于 TDOA 的超声波室内定位系统的设计与实现[J]. 传感技术学报，2010，23(3)：347-353.
[26] 李雅宁，蔚保国，甘兴利. 北斗室内导航伪卫星信号传播效应分析[J]. 测绘科学，2015，40(12)：116-120.
[27] 卢伟军，孙希延，纪元法，等. GPS 伪卫星高精度室内定位技术研究与实现[J]. 电子技术应用，2018，44(3)：36-39.
[28] 张晓锋，王敏，王瑾. 基于可见光通信室内定位的研究现状与发展[J]. 激光与光电子学进展，2017，54(10)：7-18.
[29] 赵嘉琦，迟楠. 室内 LED 可见光定位若干关键技术的比较研究[J]. 灯与照明，2015，39(1)：34-41.
[30] 李金凤，王庆辉，刘晓梅，等. 基于 MEMS 惯性器件的行人室内定位系统[J]. 计算机测量与控制，2014，22(11)：3761-3763.
[31] 王静宜，曾祥烨，苏彦莽，等. 利用惯性测量元件进行三维定位的系统设计[J]. 传感器与微系统，2019，38(9)：96-98.
[32] 刘鹏，卢潭城，高翔. 基于射频识别的室内定位技术综述[J]. 太赫兹科学与电子信息学报，2014，12(2)：195-201.
[33] 李丽娜，马俊，徐攀峰，等. RFID 室内定位技术研究综述[J]. 计算机应用与软件，2015，32(9)：1-3.
[34] 刘恺，张仕斌. 基于 IBeacon 的室内定位技术发展综述[J]. 科技风，2017(2)：2-3.
[35] 闫冬梅，任丽莉，王浩宇. 基于 Zigbee 通信的室内定位系统[J]. 吉林大学学报(信息科学版)，2018，36(2)：218-222.
[36] 王亚昕，边东明. 基于地磁场的室内定位技术综述[C]//第九届中国卫星导航学术年会论文集——S11 PNT 新概念，新方法及新技术. 哈尔滨：[s. n.]，2018.
[37] 谢宏伟. 基于智能手机平台的地磁室内定位系统[D]. 南京：南京大学，2015.
[38] 魏仁乐. Wi-Fi 室内定位技术的发展现状与趋势[J]. 开封大学学报，2019，33(4)：84-88.
[39] 夏英，王磊，刘兆宏. 基于无线局域网接收信号强度分析的混合室内定位方法[J]. 重庆邮电大学学报(自然科学版)，2012，24(2)：217-221.
[40] 王益健. 蓝牙室内定位关键技术的研究与实现[D]. 南京：东南大学，2015.
[41] 蔡敏敏. 基于行人航位推算的室内定位技术综述[J]. 微型机与应用，2015，34(13)：9-11，16.
[42] 毕京学. 智能手机 Wi-Fi/PDR 室内混合定位优化问题研究[D]. 徐州：中

国矿业大学,2019.

[43] BHARGAVA P,KRISHNAMOORTHY S,NAKSHATHRI A K,et al. Locus:an indoor localization,tracking and navigation system for multi-story buildings using heuristics derived from Wi-Fi signal strength[J]. Mobile and ubiquitous systems: computing, networking, and services, 2013,120:212-223.

[44] ELBAKLY R,ELHAMSHARY M,YOUSSEF M. HyRise:a robust and ubiquitous multi-sensor fusion-based floor localization system [J]. Proceedings of the ACM on interactive,mobile,wearable and ubiquitous technologies,2018,2(3):1-23.

[45] SHEN X F,CHEN Y S,ZHANG J H,et al. BarFi:barometer-aided Wi-Fi floor localization using crowdsourcing[C]//2015 IEEE 12th International Conference on Mobile Ad Hoc and Sensor Systems. Dallas,TX:IEEE,2015.

[46] ELBAKLY R, ALY H, YOUSSEF M. TrueStory: accurate and robust RF-based floor estimation for challenging indoor environments[J]. IEEE sensors journal,2018,18(24):10115-10124.

[47] ZHENG Z W, CHEN Y Y, CHEN S N, et al. BigLoc: a two-stage positioning method for large indoor space[J]. International journal of distributed sensor networks,2016,12(6):1289013.

[48] YE H B,GU T,TAO X P,et al. F-loc: floor localization via crowdsourcing [C]//2014 20th IEEE International Conference on Parallel and Distributed Systems. Hsinchu,Taiwan:IEEE,2014.

[49] YE H B,GU T,ZHU X R,et al. FTrack:Infrastructure-free floor localization via mobile phone sensing [C]//2012 IEEE International Conference on Pervasive Computing and Communications. Lugano:IEEE,2012.

[50] SUN L,ZHENG Z W,HE T,et al. Multifloor Wi-Fi localization system with floor identification[J]. International journal of distributed sensor networks, 2015,11(7):131523.

[51] 俞敏杰,易平,关汉男. 基于快速部署的室内多楼层定位算法研究[J]. 计算机工程,2014,40(9):23-26.

[52] GANSEMER S, HAKOBYAN S, PÜSCHEL S, et al. 3D WLAN indoor positioning in multi-storey buildings [C]//2009 IEEE International Workshop on Intelligent Data Acquisition and Advanced Computing Systems:Technology and Applications. Rende:IEEE,2009.

[53] MANEERAT K,PROMMAK C. An enhanced floor estimation algorithm for indoor wireless localization systems using confidence interval approach[J]. International journal of computer, control, quantum and information engineering,2014,8(7):1107-1111.

[54] ZHANG S,GUO J,WANG W,et al. (2018)Floor recognition based on SVM for WiFi indoor positioning [C]//China Satellite Navigation Conference (CSNC)2018 Proceedings. Singapore:Springer,2018.

[55] MANEERAT K, PROMMAK C. Floor determination algorithm with node failure consideration for indoor positioning systems[C]//ICSPS 2016:Proceedings of the 8th International Conference on Signal Processing Systems. Auckland:[s. n.],2016:202-206.

[56] SHI J,SHIN Y. A low-complexity floor determination method based on WiFi for multi-floor buildings[C]//The Ninth Advanced International Conference on Telecommunications:AICT 2013. Rome:[s. n.],2013:129-134.

[57] LOTT M, FORKEL I. A multi-wall-and-floor model for indoor radio propagation[C]//IEEE VTS 53rd Vehicular Technology Conference, Spring 2001. Proceedings (Cat. No. 01CH37202). Rhodes:IEEE,2001.

[58] CHRYSIKOS T, GEORGOPOULOS G, KOTSOPOULOS S. Wireless channel characterization for a home indoor propagation topology at 2. 4 GHz[C]//2011 Wireless Telecommunications Symposium (WTS). New York:IEEE,2011:1-10.

[59] LIU G W,IWAI M,TOBE Y,et al. Beyond horizontal location context: measuring elevation using smartphone's barometer[C]//Proceedings of the 2014 ACM International Joint Conference on Pervasive and Ubiquitous Computing:Adjunct Publication. Seattle,WA :ACM,2014:459-468.

[60] 艾浩军,李泰舟,王玙璠. WiFi 指纹定位中的楼层辨识方法研究[J]. 武汉理工大学学报(信息与管理工程版),2015,37(3):269-273.

[61] 邓中亮,王文杰,徐连明. 一种基于 K-means 算法的 WLAN 室内定位楼层判别方法[J]. 软件,2012,33(12):114-117.

[62] 郭美佳. 基于 Android 的室内多楼层定位系统设计与实现[D]. 西安:西安电子科技大学,2015.

[63] RAHMAN M A A, DASHTI M, ZHANG J. Floor determination for positioning in multi-story building[C]//2014 IEEE Wireless Communications and Networking Conference. Istanbul:IEEE,2014.

[64] 于杰.基于层次聚类的 WLAN 楼层定位方法研究[D].哈尔滨:哈尔滨理工大学,2016.

[65] RAJAGOPAL N,LAZIK P,PEREIRA N,et al. Enhancing indoor smartphone location acquisition using floor plans[C]//2018 17th ACM/IEEE International Conference on Information Processing in Sensor Networks. Porto:IEEE,2018:278-289.

[66] ALSEHLY F,ARSLAN T,SEVAK Z. Indoor positioning with floor determination in multi story buildings[C]//2011 International Conference on Indoor Positioning and Indoor Navigation. Guimaraes:IEEE,2011.

[67] HUANG J,LUO H,SHAO W,et al. Accurate and robust floor positioning in complex indoor environments[J].Sensors (Basel,Switzerland),2020,20(9):2698.

[68] RAZAVI A,VALKAMA M,LOHAN E S. K-means fingerprint clustering for low-complexity floor estimation in indoor mobile localization[C]//2015 IEEE Globecom Workshops (GC Wkshps). San Diego:IEEE,2015.

[69] ELBAKLY R,YOUSSEF M. The storyteller:scalable building-and AP-independent deep learning-based floor prediction[J]. Proceedings of the ACM on interactive,mobile,wearable and ubiquitous technologies,2020,4(1):1-20.

[70] FLORES J Z,FARCY R. Indoor navigation system for the visually impaired using one inertial measurement unit (IMU)and barometer to guide in the subway stations and commercial centers[C]//Computers Helping People with Special Needs:14th International Conference,ICCHP 2014. Paris:[s. n.],2014.

[71] QI G W,JIN Y,YAN J. RSSI-based floor localization using principal component analysis and ensemble extreme learning machine technique [C]//2018 IEEE 23rd International Conference on Digital Signal Processing. Shanghai:IEEE,2018.

[72] 高洪晔.基于 HMM 的室内楼层定位研究[D].杭州:杭州电子科技大学,2014.

[73] CAMPOS R S,LOVISOLO L,DE CAMPOS M L R. Wi-Fi multi-floor indoor positioning considering architectural aspects and controlled computational complexity[J]. Expert systems with applications,2014,41(14):6211-6223.

[74] MANEERAT K,PROMMAK C,KAEMARUNGSI K. Floor estimation algorithm for wireless indoor multi-story positioning systems[C]//2014 11th International Conference on Electrical Engineering/Electronics, Computer, Telecommunications and Information Technology (ECTI-CON). Nakhon Ratchasima:IEEE,2014.

[75] ALSHAMI I H,AHMAD N A,SAHIBUDDIN S,et al. Adaptive indoor positioning model based on WLAN-fingerprinting for dynamic and multi-floor environments[J]. Sensors (Basel,Switzerland),2017,17(8):1789.

[76] HAN L,JIANG L,KONG Q,et al. Indoor localization within multi-story buildings using MAC and RSSI fingerprint vectors[J]. Sensors (Basel, Switzerland),2019,19(11):2433.

[77] 张旭. 基于 WLAN 位置指纹与惯性传感器的室内定位技术研究[D]. 上海:华东师范大学,2016.

[78] 齐双. 基于移动终端的 WiFi 指纹定位技术研究[D]. 北京:北京工业大学,2015.

[79] 俞敏杰. 快速部署的三维室内定位系统研究[D]. 上海:上海交通大学,2013.

[80] 毛科技,戴光麟,夏明,等. 采用分层结构的 WSN 室内三维定位算法的研究和设计[J]. 小型微型计算机系统,2013,34(2):277-280.

[81] MARQUES N,MENESES F,MOREIRA A. Combining similarity functions and majority rules for multi-building,multi-floor,WiFi positioning[C]//2012 International Conference on Indoor Positioning and Indoor Navigation (IPIN). Sydney:IEEE,2012.

[82] WANG H Y,ZHENG V W,ZHAO J H,et al. Indoor localization in multi-floor environments with reduced effort[C]//2010 IEEE International Conference on Pervasive Computing and Communications (PerCom). Mannheim:IEEE,2010.

[83] AL-AHMADI A S M,OMER A I A,KAMARUDIN M R B,et al. Multi-floor indoor positioning system using Bayesian graphical models[J]. Progress in electromagnetics research B,2010,25:241-259.

[84] LIU H H,YANG Y N. WiFi-based indoor positioning for multi-floor Environment[C]//TENCON 2011-2011 IEEE Region 10 Conference. Bali,Indonesia. IEEE,2011:597-601.

[85] RAZAVI A,VALKAMA M,LOHAN E S. Robust statistical approaches for RSS-based floor detection in indoor localization[J]. Sensors (Basel, Switzerland),2016,16(6):793.

[86] LIU K X,MOTTA G,DONG J C. Wi-Fi-aided magnetic field positioning with floor estimation in indoor multi-floor navigation services[C]//2017 IEEE International Congress on Internet of Things. Honolulu,HI:IEEE,2017:129-136.

[87] ZHAO F,LUO H Y,ZHAO X Q,et al. HYFI:hybrid floor identification based on wireless fingerprinting and barometric pressure[J]. IEEE transactions on industrial informatics,2017,13(1):330-341.

[88] LOHAN E S,TALVITIE J,SILVA P F E,et al. Received signal strength models for WLAN and BLE-based indoor positioning in multi-floor buildings[J]. 2015 International Conference on Location and GNSS (ICL-GNSS). [S. l.]:IEEE,2015:1-6.

[89] RAMANA K V, NIU J W, AZIZ M A A, et al. A robust multi-cue blending-based approach for floor detection[C]//2016 13th International Bhurban Conference on Applied Sciences and Technology (IBCAST). Islamabad,Pakistan:IEEE,2016:647-653.

[90] DEL PERAL-ROSADO J A,BAVARO M,LOPEZ-SALCEDO J A,et al. Floor detection with indoor vertical positioning in LTE femtocell networks[C]//2015 IEEE Globecom Workshops. San Diego,CA:IEEE,2015:1-6.

[91] QI H X,WANG Y J,BI J X,et al. Fast floor identification method based on confidence interval of Wi-Fi signals[J]. Acta geodaetica et geophysica,2019,54(3):425-443.

[92] YU M,XUE F,RUAN C,et al. Floor positioning method indoors with smartphone's barometer[J]. Geo-spatial information science,2019,22(2):138-148.

[93] BISIO I,SCIARRONE A,BEDOGNI L,et al. WiFi meets barometer: smartphone-based 3D indoor positioning method [C]//2018 IEEE International Conference on Communications. Kansas City,MO:IEEE,2018:1-6.

[94] MURALIDHARAN K,KHAN A J,MISRA A,et al. Barometric phone sensors:more hype than hope! [C]//HotMobile'14:Proceedings of the 15th Workshop on Mobile Computing Systems and Applications. [S. l. : s. n.],2014:1-6.

[95] KIM S S,KIM J W,HAN D S. Floor detection using a barometer sensor

in a smartphone[C]//2017 Indoor Positioning and Indoor Navigation. [S. l. :s. n.],2017:1-9.

[96] FALCON W, SCHULZRINNE H. Predicting floor-level for 911 calls with neural networks and smartphone sensor data[EB/OL]. (2017-10-29) [2021-04-08]. https://arxiv. org/abs/1710. 11122.

[97] 刘克强. 基于室内位置与多维情境的人类活动识别方法研究[D]. 徐州:中国矿业大学,2017.

[98] YE H B, GU T, TAO X P, et al. Scalable floor localization using barometer on smartphone[J]. Wireless communications and mobile computing, 2016, 16 (16):2557-2571.

[99] RUAN C, YU M, HE X N, et al. An indoor floor positioning method based on smartphone's barometer[C]//2018 Ubiquitous Positioning, Indoor Navigation and Location-Based Services (UPINLBS). Wuhan: IEEE,2018:1-9.

[100] CHEN S J, CHEN D W, WANG Y Y, et al. 3D indoor localization mechanism based on multiple sensors [C]//2018 International Conference on Cyber-Enabled Distributed Computing and Knowledge Discovery (CyberC). Zhengzhou:IEEE,2018.

[101] YI C, CHOI W, JEON Y, et al. Pressure-pair-based floor localization system using barometric sensors on smartphones[J]. Sensors (Basel, Switzerland),2019,19(16):3622.

[102] 王佳. 基于迭代匹配与置信度的室内定位算法研究[D]. 北京:北京邮电大学,2013.

[103] RETSCHER G. Augmentation of indoor positioning systems with a barometric pressure sensor for direct altitude determination in a multi-storey building[J]. Cartography and geographic information science, 2007,34(4):305-310.

[104] BAI Y C, JIA W Y, ZHANG H, et al. Helping the blind to find the floor of destination in multistory buildings using a barometer[C]//2013 35th Annual International Conference of the IEEE Engineering in Medicine and Biology Society:EMBC 2013. New York:IEEE,2013:4738-4741.

[105] SADEGHI S M J. A 3D Ubiquitous multi-platform localization and tracking system for smartphones[D]. Toronto: University of Toronto (Canada),2017.

[106] ŞIMŞEK B,GÜNEŞ O N. Indoor floor change detection using barometer [C]//2019 27th Signal Processing and Communications Applications Conference (SIU). Sivas,Turkey:IEEE,2019:1-4.

[107] 梁尧. WLAN 室内定位系统中无线信号传播的统计建模与应用[D]. 哈尔滨:哈尔滨工业大学,2009.

[108] HONCHARENKO W, BERTONI H L, DAILING J. Mechanisms governing propagation between different floors in buildings[J]. IEEE transactions on antennas and propagation,1993,41(6):787-790.

[109] RAPPAPORT T S. Wireless communications: principles and practice [M]. [S. l.]:Prentice Hall PTR,1996.

[110] VARSHAVSKY A,LAMARCA A,HIGHTOWER J,et al. The SkyLoc floor localization system[C]//Fifth Annual IEEE International Conference on Pervasive Computing and Communications (PerCom'07). White Plains, NY:IEEE,2007:125-134.

[111] WOODMAN O,HARLE R. Pedestrian localisation for indoor environments [C]//Proceedings of the 10th International Conference on Ubiquitous Computing-UbiComp'08. September 21-24, 2008. Seoul, Korea: ACM, 2008:114-123.

[112] MODER T,HAFNER P,WISIOL K,et al. 3D indoor positioning with pedestrian dead reckoning and activity recognition based on Bayes filtering[C]//2014 International Conference on Indoor Positioning and Indoor Navigation (IPIN). Busan:IEEE,2014:717-720.

[113] ZHANG M,VYDHYANATHAN A,YOUNG A,et al. Robust height tracking by proper accounting of nonlinearities in an integrated UWB/ MEMS-based-IMU/baro system[C]//Proceedings of the 2012 IEEE/ ION Position,Location and Navigation Symposium. Myrtle Beach,SC: IEEE,2012:414-421.

[114] OFSTAD A,NICHOLAS E,SZCODRONSKI R,et al. AAMPL:accelerometer augmented mobile phone localization[C]//MELT'08: Proceedings of the First ACM International Workshop on Mobile Entity Localization and Tracking in GPS-less Environments. [S. l. :s. n.],2008:13-18.

[115] LIU K Q,WANG Y J,WANG J.Differential barometric altimetry assists floor identification in WLAN location fingerprinting study [M]// Principle and application progress in location-based services. [S. l.]:

Springer,2014:21-29.
[116] GUPTA P,BHARADWAJ S,RAMAKRISHNAN S,et al. Robust floor determination for indoor positioning[C]//2014 Twentieth National Conference on Communications (NCC). Kanpur:IEEE,2014:1-6.
[117] 陈岳燊.基于气压计和WiFi的混合楼层定位系统[D].杭州:杭州电子科技大学,2016.
[118] JAWORSKI W,WILK P,ZBOROWSKI P,et al.Real-time 3D indoor localization[C]//2017 International Conference on Indoor Positioning and Indoor Navigation (IPIN). Sapporo:IEEE,2017:1-8.
[119] HAQUE F,DEHGHANIAN V,FAPOJUWO A O,et al. A sensor fusion-based framework for floor localization[J]. IEEE sensors journal, 2019,19(2):623-631.
[120] YE H B,LI X S,SHENG L,et al. CBSC:a crowdsensing system for automatic calibrating of barometers[J]. Journal of computer science and technology,2019,34(5):1007-1019.
[121] FETZER T,EBNER F,BULLMANN M,et al. Smartphone-based indoor localization within a 13th century historic building[J]. Sensors (Basel, Switzerland),2018,18(12):4095.
[122] EBNER F,FETZER T,DEINZER F,et al. Multi sensor 3D indoor localisation[C]//2015 International Conference on Indoor Positioning and Indoor Navigation (IPIN). Banff,AB:IEEE,2015:1-11.
[123] LI Y,GAO Z Z,HE Z,et al.Multi-sensor multi-floor 3D localization with robust floor detection[J].IEEE access,2018,6(1):76689-76699.
[124] ZHAO M,QIN D Y,GUO R L,et al. Indoor floor localization based on multi-intelligent sensors[J]. ISPRS international journal of geo-information, 2020,10(1):6.
[125] 朱金鑫,张富平,刘旭,等.基于MEMS惯性传感器的行人室内高度估计方法[J].工业控制计算机,2017,30(3):63-65.
[126] 叶海波.基于智能手机的室内标签定位技术研究[D].南京:南京大学,2016.
[127] 周牧,王斌,田增山,等.室内BLE/MEMS跨楼层融合定位算法[J].通信学报,2017,38(5):1-10.
[128] 李珊.基于智能设备多传感器感知的多层室内定位方法研究[D].秦皇岛:燕山大学,2016.

[129] 王玮,邓中亮,焦继超,等.基于差分气压测高、PDR、地图匹配的楼层切换技术[C]//第八届中国卫星导航学术年会论文集.[出版地不详:出版者不详],2017.

[130] CHAI W N,CHEN C,EDWAN E,et al. 2D/3D indoor navigation based on multi-sensor assisted pedestrian navigation in Wi-Fi environments [C]//2012 Ubiquitous Positioning, Indoor Navigation, and Location Based Service (UPINLBS). Helsinki:IEEE,2012:1-7.

[131] ASCHER C,KESSLER C,WEIS R,et al. Multi-floor map matching in indoor environments for mobile platforms [C]//2012 International Conference on Indoor Positioning and Indoor Navigation (IPIN). Sydney:IEEE,2012:1-8.

[132] 冯峰.基于 PDR 和 WIFI 的三维室内定位算法研究[D].武汉:华中师范大学,2018.

[133] 卢彦霖,章志明,邓建刚,等.气压计融合 WiFi 楼层定位算法[J].传感器与微系统,2018,37(9):145-147,154.

[134] ASHRAF I,HUR S,SHAFIQ M,et al. Floor identification using magnetic field data with smartphone sensors[J]. Sensors (Basel,Switzerland),2019,19(11):2538.

[135] ABRUDAN T E,XIAO Z L,MARKHAM A,et al. Distortion rejecting magneto-inductive three-dimensional localization (MagLoc)[J]. IEEE journal on selected areas in communications,2015,33(11):2404-2417.

[136] 陈立建,杨志凯,施伟元,等.一种多传感器融合的室内三维导航系统[J].传感技术学报,2018,31(4):551-561.

[137] YAN J J,HE G G,BASIRI A,et al. 3-D passive-vision-aided pedestrian dead reckoning for indoor positioning[J]. IEEE transactions on instrumentation and measurement,2020,69(4):1370-1386.

[138] SABATINI A M,GENOVESE V. A sensor fusion method for tracking vertical velocity and height based on inertial and barometric altimeter measurements[J]. Sensors (Basel,Switzerland),2014,14(8):13324-13347.

[139] SON Y,OH S. A barometer-IMU fusion method for vertical velocity and height estimation[C]//2015 IEEE SENSORS. Busan:IEEE,2015:1-4.

[140] Lee J K. A two-step Kalman/complementary filter for estimation of vertical position using an IMU-barometer system[J]. Journal of sensor science and technology,2016,25(3):202-207.

[141] YANG W,XIU C,ZHANG J,et al. A novel 3D pedestrian navigation method for a multiple sensors-based foot-mounted inertial system[J]. Sensors (Basel,Switzerland),2017,17(11):2695.

[142] PIPELIDIS G,RAD O R M,IWASZCZUK D,et al. A novel approach for dynamic vertical indoor mapping through crowd-sourced smartphone sensor data[C]//2017 International Conference on Indoor Positioning and Indoor Navigation (IPIN). Sapporo:IEEE,2017:1-8.

[143] MUNOZ DIAZ E,KAISER S,BOUSDAR AHMED D. Height error correction for shoe-mounted inertial sensors exploiting foot dynamics [J]. Sensors(Basel,Switzerland),2018,18(3):888.

[144] BOLANAKIS D E. MEMS barometers toward vertical position detection [M]. Cham:Springer International Publishing,2017.

[145] RANTANEN J,RUOTSALAINEN L,KIRKKO-JAAKKOLA M,et al. Height measurement in seamless indoor/outdoor infrastructure-free navigation[J]. IEEE transactions on instrumentation and measurement, 2019,68(4):1199-1209.

[146] LUO J,ZHANG C J,WANG C. Indoor multi-floor 3D target tracking based on the multi-sensor fusion[J]. IEEE access,2020(8):36836-36846.

[147] RODRIGUES B C. GNSS and barometric sensor fusion for altimetry applications[D]. Porto:University of Porto (Portugal),2018.

[148] ZHOU M,WANG B,TIAN Z S,et al. A case study of cross-floor localization system using hybrid wireless sensing[C]//GLOBECOM 2017-2017 IEEE Global Communications Conference. Singapore:IEEE, 2017:1-6.

[149] BOLLMEYER C,ESEMANN T,GEHRING H,et al. Precise indoor altitude estimation based on differential barometric sensing for wireless medical applications[C]//2013 IEEE International Conference on Body Sensor Networks. Cambridge:IEEE,2013:1-6.

[150] BAO L,INTILLE S S. Activity recognition from user-annotated acceleration data[M]//Lecture notes in computer science. Berlin:Springer Berlin Heidelberg,2004:1-17.

[151] 刘斌,刘宏建,金笑天,等. 基于智能手机传感器的人体活动识别[J]. 计算机工程与应用,2016,52(4):188-193.

[152] 李丹,陈焱焱,姚志明,等. 基于三轴加速度传感器的人体日常体力活动识

别系统设计[J]. 仪表技术,2013(9):1-5.

[153] 孙泽浩. 基于手机和可穿戴设备的用户活动识别问题研究[D]. 合肥:中国科学技术大学,2016.

[154] 刘宇,江宏毅,王仕亮,等. 基于加速度时域特征的实时人体行为模式识别[J]. 上海交通大学学报,2015,49(2):169-172.

[155] 路永乐,张欣,龚爽,等. 基于 MEMS 惯性传感器的人体多运动模式识别[J]. 中国惯性技术学报,2016,24(5):589-594.

[156] 武东辉. 基于惯性传感器数据的人体日常动作识别研究[D]. 大连:大连理工大学,2016.

[157] 司玉仕. 基于惯性传感器的动作识别研究[D]. 南京:南京邮电大学,2018.

[158] PREECE S J,GOULERMAS J Y,KENNEY L P J,et al. A comparison of feature extraction methods for the classification of dynamic activities from accelerometer data[J]. IEEE transactions on biomedical engineering, 2009,56(3):871-879.

[159] 洪俊. 基于加速度信号的人体上肢动作识别研究[D]. 杭州:中国计量学院,2014.

[160] DAVIES S, RUSSELL S. NP-completeness of searches for smallest possible feature sets[C]//AAAI Symposium on Intelligent Relevance. [S. l.]:AAAI Press,1994:37-39.

[161] LARA O D,LABRADOR M A. A survey on human activity recognition using wearable sensors[J]. IEEE communications surveys & tutorials, 2013,15(3):1192-1209.

[162] INDERST F,PASCUCCI F,SANTONI M. 3D pedestrian dead reckoning and activity classification using waist-mounted inertial measurement unit[C]// 2015 International Conference on Indoor Positioning and Indoor Navigation (IPIN). Banff:IEEE,2015:1-9.

[163] LIU Y,NIE L Q,LIU L,et al. From action to activity: Sensor-based activity recognition[J]. Neurocomputing,2016,181:108-115.

[164] WANG J D,CHEN Y Q,HAO S J,et al. Deep learning for sensor-based activity recognition:a survey[J]. Pattern recognition letters,2019,119:3-11.

[165] WANG X,ZHANG J. Design and implementation of automation instrument [J]. Air press altitude measuring system,2017,38 (8):59-63.

[166] BURGESS S,ÅSTRÖM K,HÖGSTRÖM M,et al. Smartphone positioning in

multi-floor environments without calibration or added infrastructure[C]// 2016 International Conference on Indoor Positioning and Indoor Navigation (IPIN). Alcala de Henares:IEEE,2016:1-8.

[167] GAO R P, ZHAO M M, YE T, et al. Multi-story indoor floor plan reconstruction via mobile crowdsensing[J]. IEEE transactions on mobile computing,2016,15(6):1427-1442.

[168] ABD RAHMAN M A,DASHTI M,ZHANG J. Localization of unknown indoor wireless transmitter [C]//2013 International Conference on Localization and GNSS (ICL-GNSS). Turin:IEEE,2013:1-6.

[169] EMADZADEH A A,GAO W H,VENKATRAMAN S P,et al. Systems and methods for floor determination of access points in indoor positioning systems:US20150045054[P]. 2015-02-12.

[170] LOHAN E, TORRES-SOSPEDRA J, LEPPÄKOSKI H, et al. Wi-Fi crowdsourced fingerprinting dataset for indoor positioning[J]. Data, 2017,2(4):32.

[171] BAHL P,PADMANABHAN V N,BALACHANDRAN A. Enhancements to the radar user location and tracking system[R]. Technical report,2000.

[172] JIMENEZ A R,SECO F,PRIETO C,et al. A comparison of Pedestrian Dead-Reckoning algorithms using a low-cost MEMS IMU[C]//2009 IEEE International Symposium on Intelligent Signal Processing. Budapest:IEEE,2009:37-42.

[173] SHOAIB M,BOSCH S,INCEL O D,et al. A survey of online activity recognition using mobile phones[J]. Sensors (Basel,Switzerland),2015,15 (1):2059-2085.

[174] 汪少初,刘昱,郝文飞,等. 基于惯性传感的人员行进动作识别方法[J]. 电子测量与仪器学报,2014,28(6):630-636.

[175] ERSOY C. Location tracking and location based service using IEEE 802. 11 WLAN infrastructure[C]//European Wireless 2004 Conference. [S. l. :s. n.],2004:24-27.

[176] AGRAWAL L,TOSHNIWAL D. Smart phone based indoor pedestrian localization system[C]//2013 13th International Conference on Computational Science and Its Applications. Ho Chi Minh City:IEEE,2013:137-143.

[177] CHINTALAPUDI K, IYER A P, PADMANABHAN V N. Indoor localization without the pain[C]//MobiCom '10: Proceedings of the

Sixteenth Annual International Conference on Mobile Computing and Networking. [S. l. : s. n.], 2010: 173-184.

[178] LETCHNER J, FOX D, LAMARCA A. Large-scale localization from wireless signal strength [C]//Twentieth National Conference on Artificial Intelligence (AAAI-05), and the Seventeenth Innovative Applications of Artificial Intelligence Conference (IAAI-05), vol. 1. [S. l. : s. n.], 2005.

[179] YE H, DONG K, GU T. Himeter: telling you the height rather than the altitude[J]. Sensors (Basel, Switzerland), 2018, 18(6): 1712.